高等职业教育职业核心能力系列教材

思维能力的教学理论与实践

主　编　金春凤　徐　昕　杨天霞
副主编　刘俊红　陈启政

北京理工大学出版社
BEIJING INSTITUTE OF TECHNOLOGY PRESS

图书在版编目（CIP）数据

思维能力的教学理论与实践 / 金春凤，徐昕，杨天霞主编．—北京：北京理工大学出版社，2020.7

ISBN 978-7-5682-8675-6

Ⅰ．①思…　Ⅱ．①金…　②徐…　③杨…　Ⅲ．①思维能力 – 能力培养　Ⅳ．① B842.5

中国版本图书馆 CIP 数据核字（2020）第 116836 号

出版发行 / 北京理工大学出版社有限责任公司
社　　址 / 北京市海淀区中关村南大街 5 号
邮　　编 / 100081
电　　话 /（010）68914775（总编室）
　　　　　（010）82562903（教材售后服务热线）
　　　　　（010）68948351（其他图书服务热线）
网　　址 / http://www.bitpress.com.cn
经　　销 / 全国各地新华书店
印　　刷 / 三河市天利华印刷装订有限公司
开　　本 / 787 毫米 × 1092 毫米　1/16
印　　张 / 10
字　　数 / 132 千字
版　　次 / 2020 年 7 月第 1 版　2020 年 7 月第 1 次印刷
定　　价 / 29.00 元

责任编辑 / 李玉昌
文案编辑 / 李玉昌
责任校对 / 周瑞红
责任印制 / 施胜娟

丛书编委会

序

职业能力包括三个方面，即：职业特定能力、职业通用能力和职业核心能力。

职业特定能力是指从事某种具体的职业、工种或岗位，所需对应的技能要求，主要用于学生求职时所需的一技之长。职业通用能力是一组特征和属性相同或者相近的职业群（行业）所体现出来的共性技能，主要用于积淀学生在某一行业未来发展的潜力。职业核心能力是适用于各种岗位、职业、行业，在人的职业生涯乃至日常生活中都必须具备的基本能力，是伴随人终身成长的可持续发展能力，主要用于提升学生职业发展的迁移能力。

亚马逊贝索斯经常被问到一个问题："未来十年，会有什么样的变化?"但贝索斯很少被问到"未来十年，什么是不变的?"贝索斯认为第二个问题比第一个问题更重要，因为你需要将你的战略建立在不变的事物上。

随着知识经济时代的发展，职业结构也发生相应的变化，社会财富创造的动力正由依靠体力劳动向依靠体力和脑力劳动相结合的方向转变，随着生产技术的进步，处于职业结构金字塔底端的非技术工人和中间的半技术工人的比例将严重下降，而最受欢迎的将是具备多方面能力和广泛适应性的高素质技术人员。调查显示，企业最关注的学生素养因素排名前十位依次为：工作兴趣和积极性、责任心、职业道德、承担困难和努力工作、自我激励、诚实守信、主动、奉献、守法、创造性。这些核心素养比一般人所看重的专业技能更为重要，是一个企业长足发展的内在不竭动力。

因此，职业教育中必须有“核心素养”的一席之地，来帮助传递关键能力，如应对不确定性、适应性、创造力、对话、尊重、自信、情商、责任感和系统思维。

为此，昆山登云科技职业学院在广泛调研和借鉴国内外高职教育的经验基础上，在校级层面开设四类职业核心能力课程：专业能力类、方法能力类、社会能力类、生活能力类。

◆ 专业能力

1. 统计大数据与生活

在终极的分析中，一切知识都是历史：我们现在拥有的知识都是对过去发现的事物的归纳总结以及衍生；在抽象的意义下，一切科学都是数学：所有的知识都可以归纳为对数学的推理和运算。在大数据时代下，一切都离不开数据，而所有数据都离不开统计学，在统计学作用下，大数据才能发挥出巨大威力，具有实实在在的说服力。

2. 用 Python 玩转数据

数据蕴涵价值。大数据时代，选择合适的工具进行数据分析与数据挖掘显得尤为重要。Python 语言简洁、功能强大，使得各类人员都能快速学习与应用。同时，其开源性为解决实际问题和开发提供强大支持。Python 俘获了大批的粉丝，成为数据分析与挖掘领域首选工具。

3. 向阳而生，心花自开——大学生心理健康教育

保罗·瓦勒里说：心理学的目的是让我们对自以为了然于胸的事情，有截然不同的见解。拥有“心理学”这双眼睛，才能得到小至亲密关系、大到人生意义的终极答案。进入心理学的世界，让你看见自己，读懂他人，建立积极的社会关系，活出丰盈蓬勃的人生。

4. 审美：慧眼洞见美好

吴冠中说：“现在的文盲不多了，但美盲很多。”木心说：“没有审美

力是绝症，知识也解救不了。”现在很多人缺乏的不是物质，也不是文化，而是审美。没有恰当的审美，生活暴露出最务实、最粗俗的一面，越来越追求实用化的背后，生活越来越无趣、越来越枯萎。审美力是对生活世界的深入感觉，俗话说：世界上不乏美的事物，只缺乏那双洞察一切美的眼睛。一个人审美水平的高低，在一定程度上决定了他竞争力水平，因为审美不仅代表着整体思维，也代表着细节思维。

◆ 方法能力

5. 成为 Office 专家

学习 Office，学到的不只是 Office。职场办公，需要的不仅是技能，更需要解决问题的能力。会，只是基础；用，才是乐趣。成为 Office 专家，通过研究和解决所遇到的 Office 问题，体会协作成功之乐趣。

6. 信息素养：吾将上下而求索

会搜索是一种解决问题的能力。快速、便捷地搜索全网海量信息资源，最新、最好看的电影、爱豆视频任你选；学霸养成路上的“垫脚石”，论文、笔记、大纲、前人经验大放送；购物小技能，淘宝、京东不多花你一分钱；人脉搜索的凶猛大招，优秀校友、企业精英、电竞大神带你飞；还可以来一次说走就走的旅行，等等。让我们成为一名智慧信息的使用者。

7. Learning How to Learn 学会如何学习：从认知自我到高效学习

学会如何学习是终极生存技能。为什么学？学什么？如何学？一直是学习者关注的话题。掌握正确的学习方法，是改变学习效果的关键，也是改变人生的关键。只要找到了适合自己的学习方法，学习就会变得有意思，你也会变得更有自信，你的世界也会变得更加多元……

8. 思维力训练：用框架解决问题

你能解决多高难度的问题，决定了你值多少钱。思维能力强大的人，能够随时从众人当中脱颖而出，从而源源不断地为自己创造机会。这是一套教你如何用“思维框架”快速提升能力，有套路地解决问题的课程。

◆ 社会能力

9. 职场礼仪

我国素享“礼仪之邦”的美誉，礼仪文化源远流长、博大精深。“礼”表达的是敬人的美意，“仪”是这种美意的外显，礼仪乃是“律己之规”与“敬人之道”的和谐统一。礼仪是社交之门的“金钥匙”，是人际交往的“润滑剂”，是事业成功的“法宝”。不学礼，无以立。

10. 成功走向职场——大学生的 24 项修炼

通过技能示范、角色扮演、大组和小组讨论、教学游戏、个人总结等体验式教学法，帮助青年人加强个人能力，如沟通、自信、决策和目标设定；帮助青年人发现并分析自己关于一些人生常见话题的价值观；帮助青年人形成良好的自我与社会定位，能够用符合社会认知并且理性的方式解决问题和冲突；帮助青年人构建学以致用的职场技能，提高青年的学习生活与工作效率，让自己更加接近成功。

◆ 生活能力

11. 昆曲艺术

昆曲，又名昆山腔、昆剧，是“百戏之祖”，属于“阳春白雪”的高雅艺术。昆曲诞生于元末江苏昆山千墩，盛行于明清年间，迄今已有 600 多年历史。昆曲是集文学、历史、音乐、舞蹈、美学等于一体的综合艺术。2001 年，昆曲被联合国教科文组织授予“人类口述和非物质遗产代表作”称号。

12. 投资与理财

投资理财并不只能帮助我们达到某个财务目标，它还可以帮助我们建立一种未来感，让我们把目光放得更长远，实现人生目标。本课程通过介绍投资理财的基础理论知识来武装大脑，通过介绍常见的投资理财工具来铸就投资理财利器。“内服”+“外用”，更好地弥补你和“钱”的鸿沟。

13. 大学生就业指导与创业

当你对自己的梦想产生怀疑时，生涯规划会为你点亮通往梦想的那盏明灯；当你带着梦想飞翔到陌生的职业世界，却不知如何选择职业时，科学的探索方法将成为你职业发展道路上的“魔杖”；当你在求职路上迷茫时，就业指导带给你一份新的求职心经，陪伴你在求职路上“升级打怪”；当你的目光投向创业却不知什么是创业、如何创业时，我们将为你递上一张创业名片。让我们沿着规划，一路向前，走上属于自己的职业发展之路。

14. 学生全程关怀手册

不论是课业疑惑、住宿问题、情感困扰、生活协助或就业压力，我们提供最周详的辅导、服务资讯，协助同学快速解决各类困难与疑惑。

丛书以成果导向为指导理念编写，力求将可迁移的通用能力分解为具体可操作实现的一个个阶段学习目标，相信在这些学习目标的引导下，学习者将构建形成适应当前社会经济发展需要的职业核心能力。

前　言

本书是一本关于思维能力的书，以日常生活事件、企业案例和客观常识为切入点，以清晰易懂的方式阐述如何培养思维能力，如何有步骤、有框架并正确地解决问题、做出决策。无论你是在校学生还是初入职场的新人，或者你正在为公司战略方案的制定和某些艰难的课题而发愁，本书都能给你一定的指导。

本书共分为5章，想全面提升思维能力的读者，可按本书章节顺序阅读并练习；需要某些工具、手法应用于特定问题的读者，可以直接阅读相应章节。

第一章——思维差异决定竞争力

本章由四小节组成，分析并阐述了打破惯性思维、建立并具备优秀思维力的重要性；明确了系统思维的定义，以及思维导图、系统思维在解决问题、表达与学习上的应用价值。

第二章——界定问题

本章由三小节组成，主要介绍了系统思维在界定问题上的应用，如何抛开问题表面的迷雾发现问题的本质是解决问题的第一要务。同时，介绍了5Why分析法、头脑风暴法和“三直三现”法等来洞悉问题的本质。

第三章——分析问题

本章由四小节组成，介绍了5So分析法、MECE法则、逻辑树分析法、80/20法则等思维分析工具。

第四章——解决问题

本章由四小节组成，介绍 5W2H 法、PDCA 循环、波士顿矩阵分析法等解决问题的思路和方法。

第五章——持续改善

本章由四小节组成，除叙述了持续改善的背景与思维外，还介绍了金字塔原理、将思考可视化与思考力决定成就等。

写这本书是一件需要从读者、使用者“必然用得上、一定有成长”的角度思考、取舍并投入大量人力、时间的工作。感谢昆山登云科技职业学院领导的支持与协助，以及编写小组成员的全心投入。由于时间及编者水平有限，书中难免存在不足之处，请广大读者批评指正。

编　者

目　　录

第一章　思维差异决定竞争力

素材一

人与人之间最大的差距就是思维能力，思维能力强的人思维敏锐、口齿清晰、做事果敢。思维模式决定思考方式，思考方式决定思想格局，思维差异直接决定了竞争力，所以我们必须要勤思考、有思想。

下面这个故事，或许能让你明白这个道理。

两个刚毕业的大学生同时受雇于一家店铺，薪资待遇相同。入职不久，叫张顺（注：本书案例中的人名除知名人士外，均为化名）的小伙子青云直上，而另一个叫刘航的小伙子却原地踏步。刘航愤愤不平地找老板理论，老板耐心地听完他的牢骚，平静地对他说："小刘，你到集市上看看今天早上有什么卖的。"刘航很快从集市回来，向老板汇报说："只有一个农民拉着一车土豆在卖。"老板问："有多少土豆？"刘航不知道，又去了一趟集市，然后回来告诉老板有40袋。"价钱是多少？"老板又问。刘航还是不知道，第三次跑到集市上问价格。这时，老板不动声色地说："现在请你坐在这里，什么也不要讲，看看别人是如何做的。"

老板叫来了张顺，也让他去集市上看看有什么卖的。张顺很快就从集市上回来了，他汇报集市上只有一个农民在卖土豆，一共40袋，价格是每千克3元，土豆的质量很不错，他带回来了一个让老板看看。并且说这个农民一个小时后还会拉几箱西红柿来卖，据他判断价格非常公道。昨天，店铺的西红柿卖得很快，库存已经不多了，像这样的西红柿老板肯定会进一些的，所以他也带了一个样品。

此时，老板转过头对刘航说："现在你知道张顺的薪水比你高的原因了吧。"

上述故事中，张顺能够获得老板的赏识，晋升很快，是因为他能够积极灵活地运用自己的思维，变通地寻找思路，创造更多可以利用的资源。思维决定着一个人的行为，也决定着一个人的视野、事业、格局和成就。想要在竞争中立于不败之地，就必须认清自我，不断提升思维能力。

第一节　认识自己

我们时时刻刻都在思考，判断谁是对的、谁是错的，同时也思考如何得到自己想要的。你可曾疑惑，为何有些人的思路总是清楚明晰、有条有理？为何有些人总能有特别的观点、独到的见解？你明明知道对方的看法是错的，但却说不清楚为什么？你对别人的想法感到困惑，却难以厘清？你是否拥有好胜心，在竞争中不愿认输，想要成为胜利者却屡屡败北？你是否想过问题出在哪里？关键在于什么？怎么解决？

正如马尔比·巴布科克所说："最常见同时也是代价最高昂的一个错误，就是认为成功有赖于某种天才、某种魔力、某些我们不具备的东西。"成功的要素其实掌握在我们自己手中，那就是正确的思维。

一、思维力的含义

人类在认识世界和改造世界的过程中，离不开思维活动。思维作为一种心理现象，是人脑对客观事物的本质属性以及事物之间内在联系的规律性做出的直接或间接的反映，是看不见摸不着的过程。而思维力是人脑对客观事物间接、概括的反映能力。当人们学会观察事物之后，会逐渐把各种不同的物品、事件、经验分类，不同的类型的事物都能通过思维进行概括。思维力不足的人，往往分析问题时抓不住重点，表述时说不清楚，学习时效率偏低。

【案例一】

大一的刘晓雷，刚被任命为班长，他踌躇满志，雄心勃勃，想要在大学有一番"大"作为。终于，辅导员通知要布置"大"任务给他了。他兴奋地走进辅导员办公室，辅导员正在打电话，看起来很忙。看到他来了，辅导员用手掌盖住话筒，转过身对他说："晓雷，学校要求各班组织一次主题班会，你去准备一下。有什么问题吗？”

看到辅导员这么忙，刘晓雷连忙点头答应道：“好的，没问题！”

转身离开辅导员办公室，开始着手准备时，刘晓雷才想起来，忘记问主题班会的主题是什么。于是，他打电话给辅导员，辅导员告诉他是关于诚信教育的主题班会。挂了电话，刘晓雷又傻眼了：什么时间开？是在室内还是室外开？都需要哪些人参加？有多少班费预算？需不需要多媒体、音响等设备？这些细节问题都没有跟辅导员沟通啊！辅导员那么忙，现在再过去问又怕辅导员质疑自己的能力，这点事都办不好，以后怎么做好更“大”的事？刘晓雷纠结了。

上面的场景你是否觉得似曾相识？你是否也陷入过类似的困境，分析问题时理不清头绪、抓不住重点？是否在接受任务时，没有第一时间全面考虑任务的内容、时间、地点、参加人员和经费预算？

【案例二】

刚刚大学毕业的彭南应聘到一家公司，每天勤勤恳恳，任劳任怨。一天晚上加班后，彭南走进电梯，发现面前站着的竟然是公司总经理。

总经理关切地问：“加班到这么晚，很辛苦啊。最近在忙什么？”

彭南连忙答道：“是啊，很忙的。”但紧接着就不知道说什么了，感觉事情很多，脑子里却一片空白。

电梯里出奇地安静，虽然只有10楼，彭南却觉得这次电梯运行的时间如此漫长。

电梯门终于开了。

“再见！”总经理说完就出了电梯。

“再见！”彭南望着总经理的背影喃喃地说。

彭南十分沮丧，这是一个千载难逢展现自己的好机会呀！他竟然什么都说不出来！

你有没有类似的经历？关键场合脑中却一片空白，无话可说？如果是你，你是否能把握住机会，清楚地表达自己的观点？

【案例三】

老魏在一家合资汽车厂干了20年，从一名普通的生产线工人做起，先后担任班组长、生产管理经理、车间主任，现在是售后维修处的高级工程师。因为工作时间长、经验丰富，他不仅熟悉公司各种车型的情况，对汽车驾驶、维修中的种种“疑难杂症”处理起来也是游刃有余。老魏因此在公司一直被同事们尊称为“魏专家”，老魏自己也挺得意于这个称呼。

不过老魏最近很烦心，因为公司最近引进了一套车辆维修智能诊断平台。公司所有车型过往几十年的维修记录都被整合进了这个平台，现在一碰到维修问题，大家在手持终端上点一下，基本就能定位到问题。而且，公司加载智能设备的车辆越来越多，虽然自己也想去学习了解，但是怎么学都学不过年轻人。

老魏觉得自己落伍了，原先汽车驾驶、维修的经验优势似乎一夜之间就被清零了。现在同事称呼自己“魏专家”时，老魏很心虚，总感觉别人其实心底叫的是“伪专家”。

大数据和云计算的配合，让信息的采集、存储和智能分析发生了本质的改变。如果不能快速学习，原有的经验值、知识储备终会被掏空，“人形百科全书”必定会被“机器百科全书”取代。

二、思维力提升的必要性

当今的世界是一个不断变化的世界。移动互联等技术的飞速发展，使知识以我们难以想象的速度淘汰和更新。35年前还有人以维修收音机为生，但如今已经很少使用收音机了；20年前，有人以组装台式机为生，但今天很难找到装机这种方式了；现在不少人以维修手机为生，再过10年，维修手机的人应该可能难觅其踪。因此，依赖现有的知识存活一辈子的时代已经一去不复返了。

大数据、物联网、云计算等技术的高速发展，使数据、信息的时效性越来越强，信息量越来越大。快节奏的现代生活，使数据、信息的传

播和接收变得碎片化、数量化，对问题解决速度的要求也越来越高。在知识快速更新、淘汰的时代，相较知识本身，提升思维力、快速掌握和应用知识的能力更为重要。

【案例四】

何忠在一家传统的物流企业做企划，熬了10年升职成为高级经理。收入不高也不低，工作压力也不大，就是时不时要写物流行业的分析报告。作为物流专业的毕业生，又有10年的行业经验，何忠完全应付自如。

何忠本想就这么在公司混下去，没想到之前鲜有人问津的物流行业突然成了“香饽饽”，大量资本涌入，上市兼并、电商、孵化创新、“互联网 + 物流”等扑面而来，何忠感觉一下子就变天了。京东怎么成了物流企业的竞争对手？EMS怎么在卖樱桃？顺丰怎么还有金融产品？

何忠所在的物流企业也有资本投资，“互联网 +”和“跨界”成了公司每个人口中最常出现的词语，企划部忙得团团转。老板给何忠一周时间写一份农副产品行业的分析报告。何忠很郁闷，自己的专业是物流管理，怎么会懂农业呢？他赶紧找亲戚和朋友支援，好不容易找到一个正好研究这方面的朋友，终于赶在最后期限前拿到了报告，交给了老板。

可没过多久，老板又要一份快消品行业的分析报告。何忠没有办法了，自己人脉广泛，但也不至于所有专业的朋友都有啊！

何忠面临的窘境，在现实生活和工作中很常见。如果是你，你是否能在短时间内快速地提升自己的知识储备，成为复合型的创新人才以适应时代的需求？你需要的不只是感叹，而是有的放矢地进行自我知识体系的完善和自我能力的提升。只有通过提升思维力，对知识进行分类过滤和体系化吸收，才能提高解决问题的速度，快速适应时代的变化。

三、思维力自我测试

我们每天都生活在自己的眼光中，也生活在别人的眼光中，那么你是用自己的眼光看自己，还是用别人的眼光看自己呢？对于自己，你是一个陌生人还是知己呢？无论你的答案是什么，不妨先来测一测自己的思维力吧！

【测试一】火柴棒问题

只移动一根火柴棒，使图 1-1 中的两个算式成立。

15-3=9-1　　11+1=4

图 1-1　火柴棒问题

【测试二】齿轮游戏

如图 1-2 所示，齿轮 A 有 8 个齿轮，齿轮 B 有 7 个齿轮，齿轮 C 有 14 个齿轮。齿轮 A 要转动多少圈才能使三个齿轮转回现在的位置？

【测试三】打乱宾戈（球）

如图 1-3 所示，与左边的排列模式相同，右边的球已被重新排列，球的位置发生了变化。请你根据下面的线索找出新的排列顺序。

要求：1. 所有的球都不在原来的位置上；

2. 最上方的球上的数字仍然是奇数；

3. 最下方的两个球上的数字之和仍为 14；

4. 球上数字为 4 和 5 的球互不相邻。

图 1-2　齿轮游戏

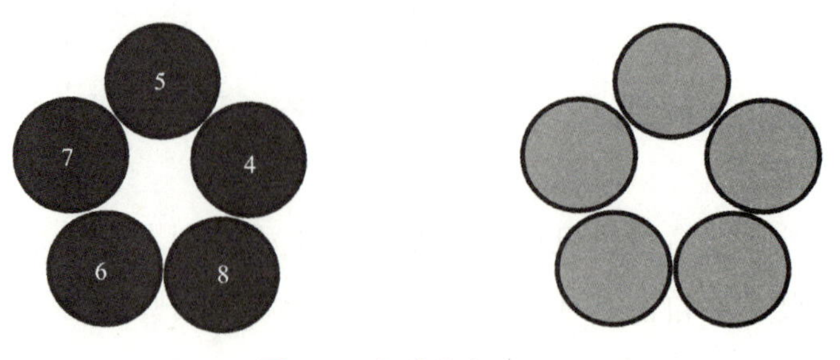

图 1-3 打乱宾戈（球）

【测试四】纽扣矩阵

如图 1-4 所示，想想看，a、b、c 中，哪一个应该填在矩阵的“？”处？

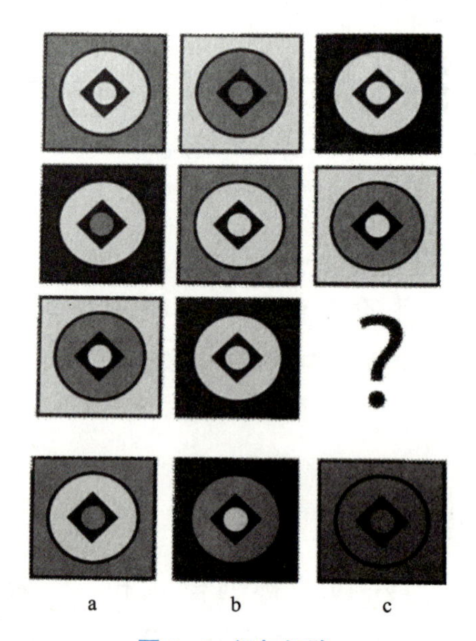

图 1-4 纽扣矩阵

【测试五】破解密码

在一次国际大会上，一位商人给他的手下留了一张字条，要求手下立刻秘密接触一位商务人士。字条是一连串价格密码，如图 1-5 所示，所以要想知道这位商务人士的姓名，首先需要破解密码。

破解规则：在每一行数字当中，选最小的数字，找出它在字母表中所对应的字母，比如说 1 对应的字母是 A，2 对应的字母是 B，以此类推。找出 7 个字母之后，将其拼成那位商务人士的姓名。

4	2	32	165	1
42	13	25	23	30
34	54	12	21	13
45	55	55	54	24
21	22	42	32	23
45	554	54	5	55
56	2	4	32	4

图 1-5　写有破解密码的字条

据这位手下所知，参加此次会议的商务人士中，姓名共有 7 个字母的人有：马克·罗（Marc Roo），拉里·托（Larry To），麦克斯·布鲁（Max Blue），纳迪恩·F（Nadine F）和麦克斯·斯塔克斯（Max Stax）。请确定字条上所指的是哪一位商务人士。

★解析

测试一：火柴棒问题。这类题不仅可以训练专注力，提升想象力，还可以培养数学思维能力。

移动后的算式如图 1-6 所示。

5+3=9-1　　11-7=4

图 1-6　火柴棒问题答案

测试二：齿轮游戏。这类题主要提升思考的速度和清晰度，既能锻炼数字处理能力，也可以锻炼视觉想象力。

答案是7。齿轮A转7圈，正好使齿轮B转8圈、齿轮C转4圈。齿轮A是8个齿，齿轮B是7个齿，齿轮C是14个齿，8、7、14的最小公倍数是56，56÷8（齿轮A的齿数）=7。

测试三：打乱宾戈（球）。这类题主要测试分析线索的逻辑思维能力。

重新排列后球的位置如图1–7所示。

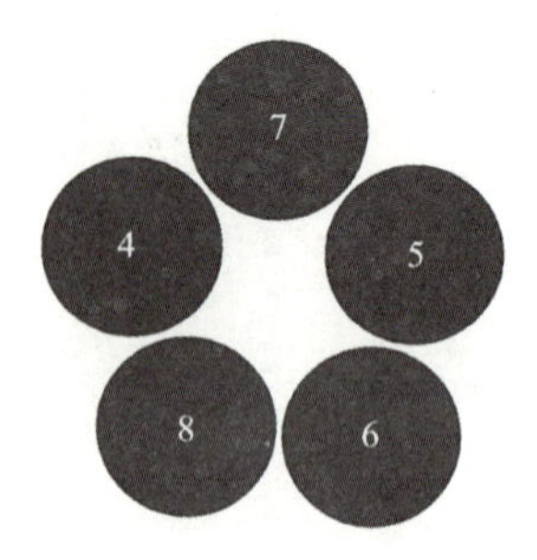

图1–7 打乱宾戈（球）测试题答案

测试四：纽扣矩阵。这类题主要测试推理能力和视觉思考能力。

答案是a。每一行和每一列都包含1个深色正方形、1个白色正方形、1个浅色正方形、2个白色圆形、1个浅色圆形、2个白色点、1个浅色点。

测试五：破解密码。这类题可以提升数字运算能力，提高思维速度和精确度。

答案是麦克斯·布鲁（Max Blue）。每一行最低的价格分别是1、13、12、24、21、5、2，对应的字母分别是A、M、L、X、U、E、B，由这7个字母组成的人名是Max Blue。

通过上面的测试，大家是否对自己的思维能力有了初步的认识？其实，思维力训练的目的不是为了寻找答案，而是要使思维模式由简单向复杂转化，即培养多角度、多层次、多方式发现问题、分析问题并解决问题的思维习惯。思维力训练题的简单与复杂并不是关键，关键在于大脑的思维模式是复杂的模式还是简单的模式。

认识自我的过程就是不断审视、不断学习的过程。想要具备独立思考的能力和制胜的竞争力，关键在于提升思维力。良好的思维力，可以帮助你应对知识的淘汰与更新，在遇到问题时快速做出正确的选择，适应时代的变化。

第二节 打破惯性思维

人们在学习、工作和生活中常常会对类似的问题套用固定的解决方法，这本来是提高效率的一种方法。但是在瞬息万变的今天，一直用旧的方法解决问题，不仅无法提高效率，而且会使思维模式变得守旧和僵化。因此，提升思维力的一个好办法就是打破惯性思维。

一、惯性思维阻碍思考的成长

惯性思维，是由先前的活动而造成的一种对活动特殊的心理准备状态或倾向。在环境不变的条件下，惯性思维使人能够应用已掌握的方法迅速解决问题；在环境发生变化时，它则妨碍人们采用新的方法。

一旦把某种东西认为是理所当然的，对于那些熟悉的问题，就很难找到最好的解决办法。日常生活中我们很少注意到惯性思维的存在，也认识不到惯性思维会阻碍思维的创新，产生思维惰性，甚至让人变得循规蹈矩，从而错失良机。

【案例五】

镇上有一个技术精湛、手艺高超的开锁专家，号称没有他打不开的锁。有人想捉弄一下这位专家，就将他关在一个注满水的箱子里，并上了一把锁，请这位开锁专家表演“水中逃生”。

专家费了九牛二虎之力，用尽了所有的开锁方法也没能将锁打开。为了不出生命危险，专家不得不认输。看了专家表演的人无不哈哈大笑，原来，那把锁根本就没有锁死，只需轻轻一拉便可以打开。

为什么开锁专家没能打开这把未锁死的锁呢？其实，在他的头脑里已经存在了一把更为顽固的锁，使他不会从另外一个角度去思考问题、解决问题。

那么，我们的头脑中是否也存在着各式各样的“锁”呢？

答案是肯定的。

生活的习惯、传统的观念、定式的思维、权威专家的意见、对困难的畏惧等，“锁”住了我们的思想，“锁”住了我们的智慧，让我们朝着一个固定的思维方向思考问题。思维模式一旦僵化，面对类似的问题都会机械地处理。当出现新的问题，旧方法不再适用时，已僵化的思维会使我们在死胡同里不知所措。

由谁来“砸开”这把“锁”呢？

答案是：自己。

很多时候，并不是我们没有能力，而是我们被已有的知识体系、思维模式限制，思维变得凝滞和僵化。而那些善于思考、勇于打破常规的人，往往能做到别人认为不可能做到的事情，成就不一样的自我。

二、打破惯性思维才能创造新价值

思维就像活水，时时流动才能永远保持蓬勃的生命力。伽利略打破惯性思维，推翻了亚里士多德的学说，解开了落体运动的秘密；孙膑打破惯性思维，调换了赛马的出场顺序，使田忌反败为胜；司马光打破惯性思维，摒弃了“救人离水”的思维模式，砸破水缸救了小伙伴。打破常规的思维方式能激发自己和他人的创造力，创造新的价值。

在日常工作中，如果你发现上司交代的工作任务有更好的解决方案，你会选择隐藏自己的想法，遵循上司的指导，还是会大胆提出自己的想法？我们不妨看一看下面这个案例。

【案例六】

总经理叮嘱全体员工不要走进八楼那个没有挂门牌的房间，而且没有做任何解释。员工们习惯于服从总经理提出的要求。

一个月后，公司招聘了一批新员工，总经理对新员工进行了同样的叮嘱。

总经理说："谁也不要走进那个没有挂门牌的房间。"

一个新员工问："为什么？"

总经理说："不为什么！"

不解萦绕在这个年轻人的心中，好奇心驱使他非要看个究竟，别人的善意提醒更激起了他的兴趣。

年轻人来到那个房间。不大的房间里只摆了一张桌子，桌子上只放了一张纸牌，上面写着：把纸牌送给总经理。年轻人十分困惑地拿起那个已经沾满灰尘的纸牌，走出房间，不顾众人的劝阻，直接来到总经理的办公室。

当他把那个纸牌交到总经理手上时，总经理说："从现在开始，你被任命为销售部经理。""就因为我把纸牌拿来？""没错，我已经等了快半年，相信你能胜任这份工作。"

事后，总经理向众人解释：这位年轻人不为条条框框所束缚，勇于走进禁区，这是一个富有开拓精神的成功者应具备的良好品质。

生活中、工作中并不缺乏创新的机会和成功的机遇，而是缺乏勇于打破惯性思维的魄力和顺时而变的思维方式。有时候，仅仅是换一个思路，就会豁然开朗。

【案例七】

一位做建材生意的小伙子到厂家进货。验货时，小伙子看见车间一个角落里堆着许多破损的地板砖，就好奇地问："这些地板砖怎么堆在这里呀？"

销售科科长说："这些地板砖是在生产或搬运过程中不小心被弄坏了边边角角的残次品，还没来得及清理掉。"

小伙子捡起一块废弃的地板砖仔细翻看，发现这些地板砖花纹精美、色泽亮丽，质地也很好，不由得感叹道："这么好的地板砖就这么扔了太可惜了！"

忽然，一个想法浮现在他的脑海里：现在住房装修离不开地板砖，市场上的地板砖都是常规尺寸，而新房装修时要用到一些不同规格的地板砖，在市场上很难买到，只能在现场进行切割。这样不仅麻烦，还造成了一定程度的浪费，要是把这些破损的地板砖加工成大小不同的特殊规格，便可以变废为宝。

于是，小伙子对销售科科长说："我想把这些破损的地板砖低价购买回去，你看怎么样？"

销售科科长一听，不可思议地哈哈大笑道："你是我们的老客户，这些地板砖你要就送给你吧，还谈什么钱不钱的。况且我们正打算花钱雇人将它们清理掉呢，这样刚好省去了我们许多的麻烦。"

小伙子把这些破损的地板砖拉回了家，又买了几台切割机，按照装修的要求设计了十几种不同规格，对破损地板砖进行不同形式的切割，然后，搭配普通规格的地板砖一起出售，让顾客根据自己的需求进行挑选。顾客听到消息后，纷纷前来购买，有的顾客还跟他签订了长期供货合同。这样一传十、十传百，小伙子的地板砖门店很快就声名远播了。

小试牛刀后，小伙子大胆地回收了多家地板砖生产厂家的"废料"，加工出售这种特殊规格的地板砖，获得了丰厚的收益，很快便成为远近闻名的大老板。

小伙子之所以能够获得成功，就在于他敢于突破常规，懂得及时转变思维。当别人认为那些地板砖是"废料"时，他没有人云亦云，而是灵活运用自己的思维，看到了这些"废料"更有价值的那一面，找到了地板市场的空白，成功拓展了自己的业务，创造了新的价值。

三、保持怀疑精神，就能找出新方法

所有的经验都是从实践中得到的，不可能适用于所有的事情。遇到问题，要多问问自己："现在的做法是最好的吗？"或者告诉自己："不如试着想想别的办法吧！"这样会让你发现创新的乐趣。

在工作中，不是所有问题都是用经验来解决的，要善于思考“这样做会不会好一点”，尝试怀疑惯性思维，开启思考新方式，想出更多有效的解决方法，也许能获得意想不到的收获。

【案例八】

2002年秋季，在中国移动的强力阻击下，中国联通CDMA的销售在全国范围内陷入了历史性低谷。从5月份进入福州市场，到11月份CDMA销量才两万多，其中数千部还是靠员工担保送给亲朋好友的。

联通本来是委托全球著名的专业咨询策划公司做的宣传方案，但是根据这一方案，近一年投进的大量广告费都未起作用。

当时，杨少锋所在的广告公司正在为福州联通做策划方案。当他看过那家全球著名策划公司的方案后，给出了四个字——不切实际。

被他评为“不切实际”的公司成立于20世纪20年代，是被美国《财富》杂志誉为“世界上最著名、最严守秘密、最有声望、最富有成效、最值得信赖和最令人仰慕的”企业咨询公司。

年仅24岁，大学刚毕业两年的杨少锋，竟然斗胆否定了这家公司的方案！因为他自己已经有了一套完整、周密的营销计划。中国联通福建省公司的领导经再三权衡后，接受了他的计划。

杨少锋计划的最重要一步，就是提高CDMA在福州的认知度。他认为，通过媒体重新对CDMA进行包装是最好的渠道。之后，他们在报纸、电视等媒体上大量投放广告，使CDMA具备了极高的认知度。紧接着，他开始了营销计划的第二步——宣传“手机不要钱”的概念。通过赠送CDMA手机，使联通打下了坚实的市场基础。

杨少锋的方案获得了成功，因为根据用户与联通签订的协议，这批用户两年内将给联通带来将近7 000万元的话费收入。

杨少锋，一个毕业不久的大学生，敢于对权威企业咨询公司的调查结果说“不”，这是何等的胆量。他没有被传统观念和专家权威所束缚，按照自己拟定的计划使企业走出了困境。这也说明：只要保持怀疑精神，勇于打破惯性思维，砸开心中的那把“锁”，就能更好地开拓创新思路，做出一番成绩。

“问渠那得清如许？为有源头活水来。”很多时候，阻碍我们实现目标的并不是天赋和能力的欠缺，而是我们为自己设定的限制。在工作、生活、学习中，我们既要学习他人宝贵的经验，也要善于打破惯性思维，学会破除陈规、推陈出新，让自己时刻保持怀疑精神，不迷信权威，不盲从大众，推倒思维中那堵无形的“墙”，为思维注入活水，让工作、生活、学习更有创造性。

第三节　思维导图

思维导图被称为“打开大脑潜能的金钥匙”，是培养、形成严谨的思维模式的训练方法。它能够按照大脑本身的规律进行工作，启发我们抛弃传统的线性思维模式，改用发散性的联想思维思考问题。通过思维导图，可以将零碎的信息进行分类和整理，从而加快对信息的理解速度，加深记忆程度，提升思考效果，并将思维结果进行外部化呈现。在学习上，思维导图可以用于记录笔记、梳理文章脉络、总结知识结构等；在工作中，思维导图可以用于规划工作、策划方案等。

一、思维导图的定义

思维导图由英国学者东尼·博赞（Tony Buzan）于1974年提出。它是促进思维激发和思维整理的一种非线性的可视化思维工具，通过图像、文字、线条、色彩等方式，对人们思维加工的对象、对象的属性以及对象与对象之间的关系进行可视化。这些对象可以是看得见的事物，也可以是看不见的抽象事物和意象事物。其中，对象与对象之间的关系是可视化的重点。

标准的思维导图具有特定的结构和表达形式，呈现从中心向四周层层发散的形状，从中心主题向外延伸发散以及将精炼的关键词写在线条上是思维导图的基本特征，这也是它区别于其他思维工具且能够发挥作用的基础。图 1–8 为“介绍小刺猬”的思维导图。

图 1–8　“介绍小刺猬”的思维导图

思维导图的核心思想就是把很难观察到的基于表象的形象思维和基于概念、判断、推理的抽象思维进行结合，并将这些看不见摸不着的思维过程和思考结果进行形象化表示和呈现。

思维导图可以简单、有效地辅助我们思考，其核心作用就是让原本杂乱无章的思绪变得有序，迅速掌握重点与重点间的逻辑关系，加强逻辑思考力。思维导图的用途甚广，小到制订购物计划、写读书笔记，大到谋划企业发展规划等，思维导图都能发挥有效的作用。

常见的思维导图有八种：圆圈图、树状图、气泡图、双重气泡图、流程图、多重流程图、括号图、桥型图。它们体现了基础的思维框架，每一种图都能无限地延伸，甚至不同类型的图可以结合起来一起用。

二、思维导图的特征

思维导图运用文字、图像、符号、线条和颜色等，把人们模糊、凌乱的思维变得清晰有序，把信息之间的关系变得易于理解和记忆。由这些要素构成的思维导图具有五个基本特征。

（1）焦点集中，主题突出。每个思维导图的主题都是唯一的，一般位于图的中央，也有居于左侧的。主题的文字和图像比思维导图其他部分的文字和图像更醒目。

（2）由内而外，主干发散。由思维导图的主题向外发散延伸形成各个主分支，每个主分支下面还有若干子分支，分支之间条理清晰。这种向外发散的结构，有助于人们进行持续思考和广泛联想。

（3）层次分明，节点联结。思维导图的分支根据内容与主题的密切程度分级，重要或密切的内容尽量放在靠近主题的主分支上，次要的则安排在边缘的位置，不同主分支使用不同的颜色进行区分，同一主分支向外发散的各级子分支则使用同一种颜色，使各级分支之间的层次更加明显。

（4）关键词语，理清关系。关键词以名词或形容词居多，含义明确，简洁准确，能清晰地表达从主体出发的各级分支之间的联系与特点。

（5）图符形象，颜色增彩。图形、图像和符号使思维导图的内容变得更加生动形象，便于理解和联想；颜色使各部分之间的关系变得更加清晰，便于分辨和记忆。

三、绘制思维导图的原则

思维导图就是一幅帮助我们了解并掌握大脑工作原理的使用说明书，并借助文字、图像等将我们的想法呈现出来。在绘制过程中，为使思维导图清晰美观、易于记忆、便于阅读和交流，东尼·博赞提出了七个思维导图绘制规则，具体如下。

（1）从白纸的中心开始画，周围要留出空白。

（2）用一幅图像或图画表达中心思想。

（3）绘制时尽可能使用多种颜色。

（4）联结中心图像和主要分支，然后再联结主要分支和二级分支，接着再联结二级分支和三级分支，逐级联结。

（5）使用曲线联结各级分支，永远不要用直线连接。

（6）每条线上写一个关键词。

（7）尽可能多地使用图形。

四、绘制思维导图的步骤

手绘思维导图主要有以下五个步骤。

（1）准备合适的材料。为了让思维导图看起来清晰明确，绘制时尽量选择白纸，不要用带有方格或有线条的纸张。

（2）确定并写下中心主题。中心主题是要解决或讨论的问题，确定后，要根据预计的分支数量决定白纸的摆放和中心主题的位置。一般是在白纸的中心或中心偏左的位置写下思维导图的中心主题。

（3）绘制主分支，填写关键词。从右上到左下，沿顺时针方向依次绘制主要分支，每个主要分支之间留有适当的空白，为添加各级分支留下空间。

（4）添加各级分支。确定主要分支后，就可以添加各级分支，可以根据个人习惯绘制。绘制一个主要分支上的各个子分支后，再逐步绘制其他主要分支上的各级分支，分支之间要有一定的逻辑性。

（5）修改与完善。绘制思维导图的过程中，会出现内容重复、交错等情况，可以根据需要进行整体的审视和修改完善。运用色彩、图形、图片等要素，可以将枯燥无味的信息变成丰富多彩、易于记忆的图画。

【案例九】以“如何利用周六减压放松”为主题绘制思维导图。

可以试着按照以下步骤进行。

第一步，准备一张白纸（最好横放），在白纸的中心画出思维导图的主题或关键字。主题可以用关键字或图像来表示，比如：“我的周六”。

第二步，在白纸的中心用一副图像或图形表达中心思想。比如，可以用椭圆形来表示。

第三步，围绕中心主题“我的周六”，从右上到左下，沿顺时针方向依次绘制爬山、周边游、打球等主要分支，每个主要分支之间留有适当的空白，便于添加各级子分支。

第四步，用曲线联结主分支和二级分支，接着再联结二级分支与三级分支，以此类推。比如，“打球”是主要分支，“羽毛球”“乒乓球”“高尔夫球”等是二级分支。

第五步，修改和完善。用不同的颜色对整个思维导图进行美化。比如，用绿色表示周边游部分，用红色表示健身房部分。

图 1–9 就是一张“如何利用周六减压放松”的思维导图。

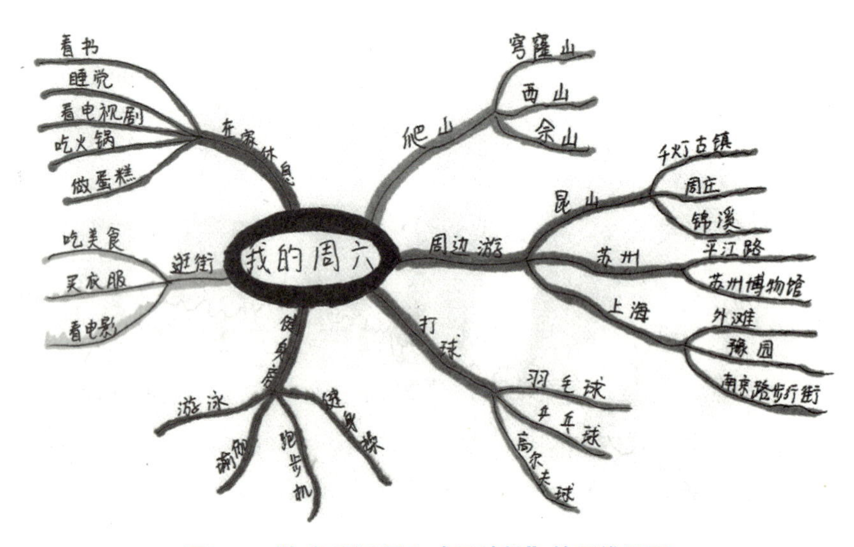

图 1–9 “如何利用周六减压放松”的思维导图

利用思维导图可以很好地加强事物之间的内在联系，强化人们的记忆，使信息井然有序并为我们所用。绘制思维导图的过程，也是促进思考逐步深入和使问题得到解决的过程。除了手绘思维导图，还可以运用电脑软件绘制思维导图，常用的思维导图绘制软件有 XMind、iMindMap、FreeMind 等。

第四节　系　统　思　维

随着第三次信息化浪潮的到来，知识更新的速度进一步加快，信息的传播和接收日趋碎片化，大数据完全颠覆了传统的思维方式。这是一个思维力决定成就的时代，思维力不足会造成想不明白、说不清楚、学不快速等，思维力提升刻不容缓。那么如何做才能真正提升思维力呢？全面、有效提升思维力的最佳途径就是进行系统思维。

一、系统思维的定义

系统思维就是构建、选择及改善框架，从而更快速、更全面、更深入地思考和表达的思维方式。系统思维以系统论为基础，是迄今为止人类所掌握的最高级的思维模式。它具有整体性、立体性、结构性、综合性的特征。系统思维示意如图 1–10 所示。

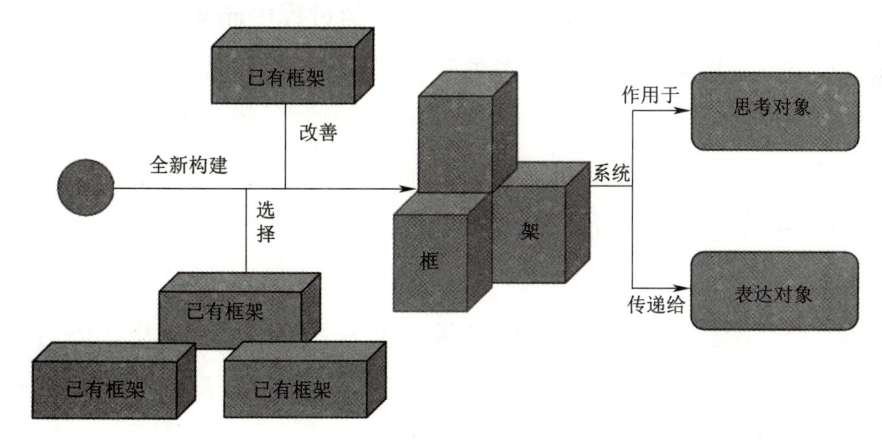

图 1–10　系统思维示意

世间万物本质上都是一个个系统，是由两个或两个以上元素结合而成的有机整体。而框架就是对系统构成元素及元素之间有机联系（即规律）的简化体现，是系统思维的核心组成部分。

二、系统思维与常见思维的关系

人类的思维方式有四种：发散思维、水平思维、收敛思维和系统思维。

发散思维是大脑在思维时呈现一种扩散状态的思维模式，前面讲的思维导图即属于发散思维。系统思维与发散思维是包含的关系，发散思维是系统思维的重要组成部分。

水平思维是以非正统的方式或者非逻辑的方式寻求解决问题的办法，也就是从多个方面寻求看待事物的不同方法和不同路径。批判性思维、逆向思维都属于水平思维。水平思维也是系统思维的重要组成部分之一。

收敛思维是一种类似漩涡的，将四周零散的点聚焦的思维方式，是系统思维的核心组成部分。归纳和演绎是收敛思维仅有的两种思考方式。在运用系统思维思考和表达时需要构建框架，无论采用的是什么思维方法，最终都要通过归纳或演绎的方法将所有思考内容组织成一个框架，并在此基础上分析、解决问题或有效地表达。

系统思维以框架为核心，在构建框架的过程中涵盖了发散思维、水平思维、收敛思维中的所有思考方法。换言之，系统思维完全包含了这三种思维。

三、系统思维的应用价值

系统思维是一种涵盖面广的高级思维方式。运用系统思维既可以系统地分析和解决问题，也可以清楚地表达，还可以更高效地学习和积累经验。

【案例十】

假如你是某公司的领导，你的两个员工向你汇报同一件事情，他们的具体表现如下。

员工甲：“老板，我最近在留意原材料的价格，发现很多钢材都涨价了，还有刚才物流公司也打电话来说提价，我又比较了几家的价格，但是还是没有办法说服他不涨价。还有，竞争品牌A最近也涨价了，听说竞争品牌B马上也会涨价，我看到……对了，广告费最近花销也比较快，如果……可能……”

员工乙：“老板，我认为我们的牌子应该涨价20%，而且要超过竞争品牌。因为第一，原材料最近都涨价了30%，物流成本也上涨了；第二，竞争品牌全部都调价10%~20%，我们应该跟进；第三，广告费超标，我们还应该拉出空间，可以做广告……老板，你觉得这个建议是否可行？”

你愿意听哪位员工的汇报呢？为什么？

毋庸置疑是员工乙。员工乙在进行汇报时很好地将所掌握的信息进行了自上而下、层次分明的整合，观点明确，表述清晰；而员工甲的汇报，却观点模糊，难以理解。

实际上，大脑在处理信息时会本能地将其组合为能够被认知的框架，以反映对事物的理解。如果信息容易被组合为框架，那么大脑就容易理解并产生愉悦感；反之，大脑就会产生头疼、厌恶等感觉。因此，系统思维在表达上应用的核心就是强调采用自上而下的形式，传递易于理解、令人轻松、易于接受的信息。

【案例十一】

G公司的某款空调产品，尽管既有市场需求又有质量竞争力，但销售情况却远远未达到G公司的预期，导致公司的现金流很紧张。

假设你是一位营销专家，G公司的老板卜总通过朋友想请你给这款空调产品的营销情况做个诊断，并提出改进建议，咨询费是每天5万元。

你答应后，卜总非常开心，觉得公司终于有救了。听说你上午11点到深圳，卜总亲自开车到机场接你，并安排到一个非常高档的餐厅吃午饭。

吃饭期间，寒暄良久后，卜总终于忍不住了，迫切地向你请教：“专家，我们公司的这款空调产品，研发前我们请顶级市场调研公司做过市场分析，市场需求绝对旺盛，目前竞争对手同款产品的销量也证明了这个产品的市场机会很大。我们产品的质量相较竞争对手也是最高的，我们使用的都是顶级材料，空调使用 10 年都不会生锈。我们要怎么做才能提升销量呢？”

作为咨询专家的你要如何回复卜总呢？如果你回复卜总说，因为刚下飞机，对公司的情况还不太了解，要深入调研后才能给建议。普通人这么回答完全没有问题，但对于每天咨询费 5 万元的营销专家来说就不行了。卜总对你的期望这么高，愿意支付高额的咨询费，还亲自到机场接你，又安排在高档餐厅吃午餐，这一切都反映了卜总迫切得到你宝贵意见的心理，如果用“好好调研后才能给他建议”的理由搪塞他，可能会让卜总觉得高额咨询费、亲自接机和高档午餐都不值得，也不利于树立你在他心目中的专家形象，影响后续咨询工作的开展。

“那就直接给建议呗！”也许你心里这么想。也许你会说：“卜总，既然我们产品的质量这么好，您可以考虑加大宣传，在电视台、报纸上投放广告，提高产品的曝光度。”万一卜总回复你：“专家，我们已经在央视、一些重点市场的卫视频道和报纸上都投放过广告了，花了一个多亿，但现在的效果就是销售不见起色！”也可能你想的是其他建议，不过具体是什么建议不重要，反正你的建议卜总尝试过，且已证明效果不佳。

给具体建议的风险似乎也很高。就像上面那样，如果你给的建议卜总尝试过了，那么你在卜总心目中的专家形象可能一下子就坍塌了，卜总会觉得所托非人，会萌生换顾问的想法。

不给建议不行，直接给建议也不行。那怎么办呢？

而且，你还需要立马就给卜总答复，这时就需要系统思维救场了。系统思维的定义是以框架为主，系统地思考和表达的思维方式。因此，你需要第一时间找一个框架出来。

这是一个营销问题，作为营销专家的你肯定知道 4P、4C 和 4R 营销策略。你需要选取其中一个作为分析框架，然后将卜总的经验输入这个框架中，并在与卜总的讨论过程中得出结论。

假设选取4P营销模型作为框架，那么你可以这么跟卜总说："卜总，我刚下飞机，对公司的具体情况还不了解，不过我们可以先用现代营销之父菲利普·科特勒的4P营销理论，分别从产品（Product）、价格（Price）、渠道（Place）、促销（Promotion）四个策略讨论提升销售的可能措施。"

"首先，从产品上看，我们这款产品的质量优于竞争对手，但产品款式，如外观等，相较竞争对手怎么样呢？"

针对这个问题，卜总可能会有三种反馈。

第一种，告诉你款式跟竞争对手相比的情况。

卜总可能会说："哦，款式上竞争对手比我们多，他们有三个系列：儿童系列、女性系列和老人系列。儿童系列的外观是绿色的；女性系列的外观是粉色的；老人系列的外观是青花瓷的。我们只推出了一个白色系列。"

"行。我们可以将'推出多个产品系列'作为可能的改进措施先记录下来。等到了您公司，我再深入地验证下可行性。"你可以这么回复卜总。

第二种，告诉你没关注过竞争对手的产品款式。

如果是这种情况，你就可以换个说法："那我们将'竞争对手款式调研'作为接下来的工作项之一记录下来。等到了您的公司，我安排做个调研，判定这是否是影响销售的原因。"

第三种，告诉你跟竞争对手的产品款式都一样。

这种情况下，你可以跟卜总说："好的，那产品款式影响销量的这个可能性就排除了。我们继续看产品功能与竞争对手相比怎么样。"

无论卜总反馈的是三种情况中的哪一种，他都是在按照你的框架输入他的认知和经验帮你进行判断和验证，以分析出可能的改进措施。

产品的款式、功能都讨论完毕后，你可以转到价格策略，继续与卜总进行讨论。

你可以跟卜总讲："卜总，刚刚我们讨论完了产品策略部分，初步结论是需要验证推出多产品系列的可行性。接下来，我们讨论价格策略部分。我们产品的价格相较主要竞争对手是高还是低，具体高了多少或者低了多少？”

同样，卜总还是会反馈多个可能的信息，你再根据不同的信息分析出不同的建议对策即可。渠道策略和促销策略也是同样的讨论和分析方式。

以上这种思维方法，就是系统思维在分析和解决问题上的应用方式之一。通过这种思维方法，即使时间很短、信息很少，你依然可以给卜总提出有价值的建议，既避免了提不出建议的不作为，又避免了乱提建议的不负责。图 1-11 是运用框架分析和解决问题的示意图。

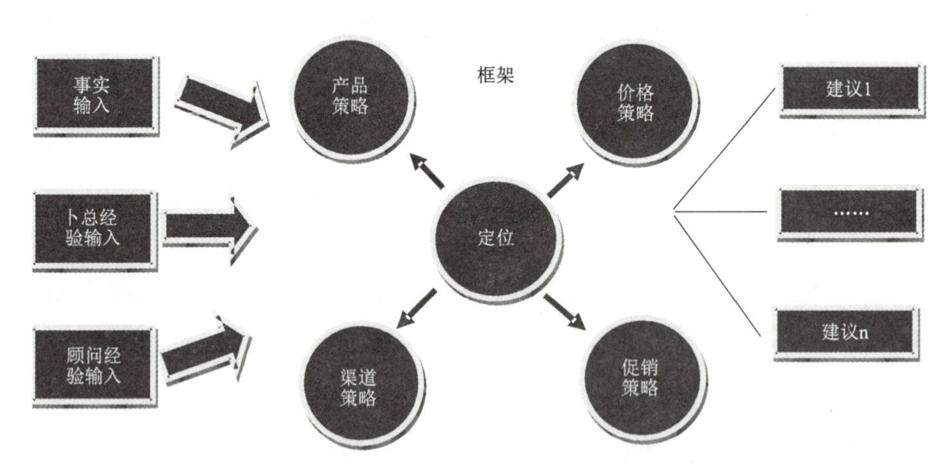

图 1-11　运用框架分析和解决问题示意

其实，即使每天向客户收取 5 万元咨询费的资深顾问也无法做到对任何行业、业务的理解比客户深入，顾问也根本不可能比客户更了解他们自己的业务，但是顾问绝对要比客户更懂得如何解决问题。咨询顾问的核心价值不在于比客户对行业或业务的理解更深入，而在于能构建解决问题的框架来帮助客户。因此，咨询顾问赖以生存的基础就是解决问题的系统思维方式。

同样，公司的老板或者高层管理者也绝不可能在公司的所有业务领域都比下属更专业，不然公司就不用花大笔的薪资聘请专业人士了。事实上，公司老板和高层管理者的核心价值也不在专业知识或行业经验的多少，同样是构建框架以解决问题的能力。这就是企业高层管理者可以转型为咨询顾问，咨询顾问也可以转型为企业高层管理者或者老板的原因。

通过上面的案例，我们可以得出运用框架分析与解决问题的主要步骤：界定问题—分析问题—解决问题—持续改善。后文，我们将分别介绍这四个步骤。

本章总结

本章我们从思维差异的角度审视了自我，认识到只有善于打破惯性思维才能找出新方法，创造新价值。为了更好地帮助我们选择、组织自己和他人的思想，进行创造性的思维，我们学习和掌握了思维导图的绘制方法。最后，我们基于现实的需要，介绍了系统思维的价值和运用框架分析解决问题的主要步骤。

第二章　界定问题

我们每天都会遇到各种各样的问题，而一提到解决问题，有的人就说，赶快告诉我具体方法。想要快速解决问题，最重要的是什么呢？是对问题的界定，即弄清问题到底是什么。

把问题界定好，就等于找到了应该瞄准的“靶子”，否则，就是瞎撞，要么劳而无功，要么南辕北辙。杜威（John Dewey）说：“一个界定良好的问题，已经解决一半了。”靶子找准了，靶心突出了，命中靶心就有了基本的保证。

问题无时无刻不在我们的周围，就像我们的朋友，但却是我们大多数人不愿意碰到的朋友，我们要秉承着找朋友的态度来发现问题、思考问题，以洞悉问题的本质。

那么如何抛开问题表面的迷雾，发现问题的本质呢？

第一节　洞悉问题的本质

什么叫做甘于肤浅？什么叫做追求深刻？让我们从下面这个案例中去探寻答案吧。

【案例一】

丰田汽车公司某一生产线上的机器总是停转，虽然修过多次但仍不见好转。于是，任丰田公司副社长的大野耐一与工人进行了以下的问答。

一问：“为什么机器停了？”

答：“因为超过了负荷，保险丝就断了。”

二问：“为什么超负荷呢？”

答：“因为轴承的润滑不够。”

三问："为什么润滑不够？"

答："因为润滑泵吸不上来油。"

四问："为什么吸不上来油？"

答："因为油泵轴磨损、松动了。"

五问："为什么磨损了呢？"

答："因为没有安装过滤器，混进了铁屑等杂质。"

所谓的甘于肤浅，在这个案例中的表现就是：换根保险丝了事，于是修过多次机器仍然经常停转。这也就是所谓的现象。

所谓的追求深刻，在这个案例中的表现就是：像大野耐一那样不停地追问，从而找到深层的原因。这也就是所谓的本质。

当然，这种追问还可以继续，比如，"为什么之前没有想到要装过滤器？""是机器设计时的缺陷吗？""为什么设计时没有考虑到这种状况？"……如此一直往下，还可以挖掘出更多有价值的信息、挖掘出更多的商业机会。

而这个案例所呈现出来的就是洞悉问题本质的方法，即5Why分析法。

一、5Why分析法

1. 5Why分析法的定义

【案例一】

中大野耐一使用的方法被称为"为什么—为什么分析法"，也叫"五个为什么"分析法，即Why–Why analysis，或者5Why analysis。

5Why分析法的原则是找到根本原因，所以"五个为什么"≠"问五次为什么"。

2. 5Why分析法的优点

（1）找出问题发生的根源，彻底解决。

（2）重视潜在的系统性问题。

（3）"为什么—为什么"图表会把因果路径简单地呈现出来。

（4）易懂、易用、兼容性强。

【案例二】

美国华盛顿广场的杰斐逊纪念堂于1943年建立，之后因年久失修，表面斑驳陈旧，政府非常担心，派专家调查原因。

一问："为什么大厦表面斑驳陈旧？"

答："最先认为的原因是酸雨，进一步实验发现酸雨的作用没有如此明显（不是根本原因）。专家发现，冲洗墙壁所用的清洁剂对建筑物有腐蚀作用，该大厦墙壁每年被冲洗的次数大大多于其他建筑，腐蚀自然更加严重。"

二问："为什么经常清洗呢？"

答："因为大厦被大量的燕粪弄得很脏。"

三问："为什么会有那么多的燕粪呢？"

答："因为燕子喜欢聚集到这里。"

四问："为什么燕子喜欢聚集到这里？"

答："是因为建筑物上有它喜欢吃的蜘蛛。"

五问："为什么会有蜘蛛？"

答："蜘蛛爱在这里安巢，是因为墙上有大量它爱吃的飞虫。"

六问："为什么墙上飞虫繁殖得这样快？"

答："因为傍晚在从窗外射进来的强光作用下，墙壁形成了促进飞虫生长的温床。"

解决问题的对策：拉上窗帘。

杰斐逊大厦至今完好无损，5Why分析图如图2-1所示。

除了拉上窗帘，还有没有其他的解决办法呢？比如，使用没有腐蚀性的清洁剂、捕杀燕子、杀死蜘蛛、杀死墙上的昆虫。这些都可视为有效的改进措施，但是拉上窗帘是最根本、最有效的改进措施。

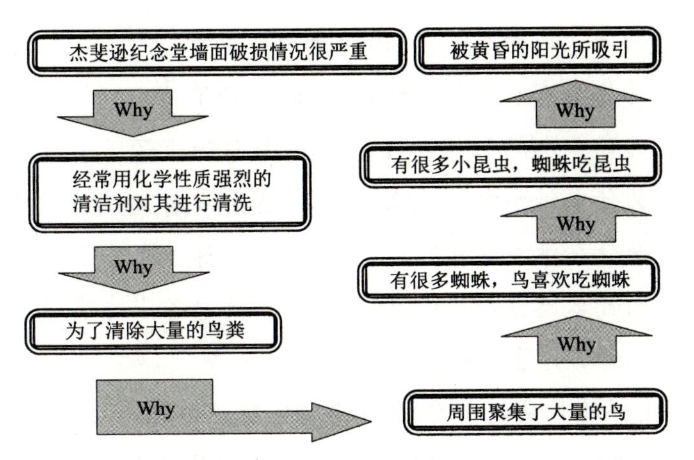

图 2-1　杰斐逊纪念堂表面破损严重的 5Why 分析图

【案例三】

今天上班迟到 10 分钟了。

一问："你为什么会迟到？"

答："我比平时晚出门了 15 分钟。"

二问："怎么会晚 15 分钟出门呢？"

答："因为起床晚了 15 分钟。"

三问："为什么会起床晚了呢？"

答："闹钟响了我没有起来。"

四问："为什么闹钟没有叫醒你？"

答："睡得实在是太熟了，没有听见闹钟响。"

五问："为什么会睡得这么熟啊？"

答："昨夜凌晨两点才睡着的。"

六问："怎么会那么晚才睡呢？是不是失眠了？"

答："都怪我贪嘴，昨天下午没忍住，喝了一大杯咖啡。"

解决问题的对策：换个时间喝咖啡或是换种饮料。

【案例四】

假如一个人摔了一跤，试分析原因。

一问："为什么摔跤？""因为地面滑。"

二问："为什么地面滑？""因为地面有水。"

三问："为什么有水？""因为喝水时水洒了。"

四问："为什么水洒了？""因为纸水杯掉地上了。"

五问："为什么纸水杯掉地上了？""因为没有杯托。"

六问："为什么没有杯托？""因为总务小妹休息了没拿出来。"

七问："为什么总务小妹休息了？""因为总务小妹感冒了。"

八问："为什么总务小妹感冒了？"……

如果用这样的方法进行分析的话，会发现自己离主题越来越远。想要分析出真正原因几乎是不可能的，到头来只能是无头案。因此，5Why 分析不是随意进行的，必须是朝解决问题的方向进行分析（主要原因）。如果脱离了这个方向，就可能会走进死胡同。

3. 5Why 分析法的精髓

简单来说，就是多问几次为什么。

通过反复提问，使解决问题的人避开主观或自负的假设和逻辑陷阱，从结果着手，沿着因果关系链条，顺藤摸瓜，穿越不同的抽象层面，直至找出原有问题的根本原因。

4. 5Why 分析法实用表格

5Why 分析法的表格如表 2–1 所示。

表 2–1　5Why 分析法的表格

次数	为什么	原因	即时的解决方案
1	→	→	
2	→	→	
3	→	→	
4	→	→	
5	→	→	

【案例五】

用表 2–2 来寻找换鞋区臭味对策。

表 2-2　换鞋区臭味对策

次数	为什么	原因	即时的解决方案
1	换鞋区臭气熏天	鞋子太臭	把换鞋区隔离，鞋子放在排风橱柜中，把臭气排走
2	为什么鞋子臭	因为袜子和脚臭	通过宣传让员工勤换袜子、勤洗脚
3	为什么袜子和脚臭	夏天穿丝袜不吸汗； 员工每天不洗脚	鼓励员工穿棉袜； 教育员工每天洗脚
4	为什么员工穿丝袜； 为什么员工每天不洗脚	没有理解棉袜的好处； 没有良好的个人习惯	教育员工，告之穿棉袜的好处； 培养员工良好的个人习惯
5	为什么员工没有理解棉袜的好处； 为什么员工在公司里没有养成良好的卫生习惯	没有实践过，无切身体验，棉袜比丝袜贵； 公司没有强有力的机制监督指导员工	新员工发6双棉袜，收取半价； 每双袜子颜色不同，每天穿一种颜色； 每天洗脚换袜子，设立监管岗监督

5. 5Why 分析法的应用要点

5Why 分析法的应用要点是对分析的结果进行确认。

你是否能立即回答出以下问题。

◇ 解决问题的会议有转移到问题现场吗？

◇ 今天有多少员工上班？

◇ 今天有多少新员工？他们在哪里？

◇ 今天十名最差员工和十名最好员工都是谁？

◇ 今天十台最差机台和十台最好的机台是哪些？

◇ 员工能主动向你反映问题吗？

◇ 有跟员工进行交流沟通吗？

◇ 你了解员工当前的困惑是什么吗？

以上就是我们需要学习运用另一种洞悉问题本质的方法，即“三直三现”法。

二、“三直三现”法

1. “三直三现”的定义

“三直三现”是指：马上现场、马上现品、马上现象。它是在日本的《现场管理者》一书中提出来的，意思是当生产现场出现问题时，作为管理者，应具有“马上赶到现场，马上检查出现问题的产品 / 机器设备，马上观察、分析出现不良现象”的工作态度，准确把握问题现状，查明真相，从而确定最有效的对策。

现场：出现问题，第一时间去现场，不逃避问题。

现品：接触现物，直面问题，不存在侥幸心理。

现象：分析问题原因，立即做出决断，防止同类问题再发生。

2. “三现”主义的思考方法

“三现”主义的思考方法如表 2–3 所示。

表 2–3 “三现”主义的思考方法

步骤	目的 / 内容	手法
认识问题（C）	在哪里发生	现场
	是什么 / 怎么样	现物
	什么情形 / 环境	现实
思考判定（A）	原因追究	现场、现物、现实
对策（P）	具体方法、可行性	现场、现物、现实
实施（D）	有效行动	现场、现物、现实
反省（C、A）	节约多少钱？效果如何？	现场、现物、现实

重点如下。

（1）仔细观察现场的现物、现实，发现问题，并以此作为改善着眼点。

（2）坚持悲观主义，做最坏的打算。

（3）与其考虑证明问题，不如优先考虑解决问题。

（4）追根溯源，打破砂锅问到底。

3.“三现”主义的执行方法

关于“三现”主义的执行方法，一位日本企业管理者曾说过一个很直观的方法，那就是使用计步器，测量每个管理者每天的步行数。

3 000 步（1 800 米）以下：官僚主义管理者。这样的人应该马上换掉。

3 000 ~ 7 000 步（1 800 ~ 4 200 米）：一般现场管理者。需要督促。

7 000 步（4 200 米）以上：“三现”主义管理者，这是企业真正所需要的管理人员。

【案例六】

有一成型机发生故障，产品出现严重飞边现象。管理员立即奔赴现场，经检查，模具无问题，按下启动键，有剧烈振动和巨大的声音。采用手动后，发现锁模力不足，确认参数无问题，检查供油系统，发现有一油阀的出油力不太稳定。据经验判断为该油阀堵塞，影响供油畅通。最后问题得到了解决。

下面我们来看一看正常的机器故障处理解决方式。

联络维修，一般需要 2 天时间，加上检查修理，2.5 天较正常。遇到维修厂人员正好有其他事，时间更不可以控制。

生产损失：按 2.5 天计，该机器 24 小时单产 20 000 个，2.5×20 000=50 000（个），每个价值 0.5 元，整个损失 25 000 元。

维修费：2 人 ×2 天 ×1 000（元 / 天）+150×2（交通费）+100×2（住宿费）=4 500（元）。

生产、维修总计损失：25 000+4 500=29 500（元）。

根据计算我们可以看出，越早找出成型机故障发生的根本原因，就能越快对症下药，就能将损失和损耗降至最低。这就是“三直三现”法洞悉问题本质最直观的体现。

【案例七】

某一冲压工厂出现了要拆下模具修理的严重问题，可在修理前生产的异常制品却未加任何处置。且看下面这家冲压工厂是如何处理的。

根据工程异常报告下达了停止出厂的指示，工场长也签了字，异常制品在制造与品管的纠缠不清之中却已通过日常检查合格出厂了。

生产传票由生产管理担当者打上“超特急”，工程不良率是通常的四倍，而且出场检查也不合格，在没有追究原因之时异常制品却由个别担当者以“再选别的处理办法”为由出厂了。

以上都表现出对工作不认真的态度，组织运用不足，无视品质的工作方法。对此做出以下警告。

首先，上司、责任者要当场解决问题。

以上案例是由担当者任意行事、责任者不在、责任者自身未能及时把握现场、现物、现实并加以恰当指挥而造成的，担当者和责任者有着不可推卸的责任。

其次，干部应重视现场、现物、现实。

以干部与生产线的关系为着眼点，重视品质管理与品质保证（出检）。品质管理工作在资料、表格的徘徊中，异常制品往往已流出，原因是下达了指示但并未对传票等及时加以处理。出厂的责任不仅在于品质管理，生产线也要保证质量，维护公司的信誉。下达允许出厂的最后一个部门也应是权威部门。

最后，现场应担负起对客户的责任。

来自客户方面的、反复出现的问题将作为公司工作的重点。品质管理部门对现场的问题不了解、避开对根本性原因的追究、只在本部门影响范围内对客户履行约定，结果损害整个公司的利益。

4.“三现”主义的核心要点

到现场去要用心去看，观察进入视线的各种事物，用直觉、知识、能力判断并处置，还必须具备能够发现、发掘异常现象的能力。

问题是改进的种子，正确地面对问题，能提升我们的能力。

问题背后总有机会，如果没有问题，那一定有环节出错了。

洞悉问题的本质是解决问题的第一步，也是最关键的一步。

第二节 群体的智慧——头脑风暴

微软前 CEO 史蒂夫·鲍尔默（Steve Ballmer）说过："一个人只是单翼天使，只有两个人抱在一起才能飞翔。"

鲍尔默认为，在这个合作共赢的时代，仅凭个人的智慧很难做出成功的决策，要学会善于运用群体的智慧，才能让 1+1 的结果大于 2，降低决策失误的概率。

毫无疑问，个体的决策力与群体的决策力相比十分有限。如果能够在自我决策力的基础之上，有选择性地借助群体的智慧，一定能够最终使决策走向成功，抵御各种风险的能力也会得到提高。

为了提高群体决策的品质与创造性，人们发明了许多改善群体决策的方法，其中最具有代表性的就是头脑风暴法。

一、头脑风暴法的定义

头脑风暴法（Brain Storming，BS），又称智力激励法、BS 法，是由美国创造学家亚历克斯·奥斯本（Alex Osborn）于 1939 年首次提出、1953 年正式发表的一种激发创造性思维的方法。它是一种通过小型会议的形式，让所有参加者在自由愉快的气氛中畅所欲言，自由交换想法或点子，并以此激发与会者创意及灵感，使各种设想在相互碰撞中激起创造性"脑力风暴"。

二、头脑风暴法的操作程序

1. 准备阶段

策划与设计的负责人应事先对所议问题进行一定的研究，弄清问题的实质，找到问题的关键，设定解决问题所要达到的目标。同时，选定参加会议的人员，一般以 5 ~ 10 人为宜，不宜太多。然后将会议的时间、地点、所要解决的问题、可供参考的资料和设想、需要达到的目标等事宜一并提前通知与会人员，让大家做好充分的准备。

2. 热身阶段

主持人宣布开会后，先说明会议的规则，然后随便谈点有趣的话题或问题，让大家的思维处于轻松和活跃的状态。

3. 明确问题

主持人扼要地介绍有待解决的问题。介绍时须简洁、明确，不可过分周全，否则，过多的信息会限制与会者的思维，干扰思维的创新。

4. 重新表述问题

主持人或书记员要记录大家的发言，并对发言记录进行整理，找出富有创意的见解，以及具有启发性的表述。经过一段讨论后，大家对问题已经有了较深程度的理解。为了使大家对问题的认识能够产生新角度、新思维，将找出的见解提出来，供大家参考。

5. 畅谈阶段

畅谈是头脑风暴法的创意阶段。为了使大家能够畅所欲言，需要制订的规则是：第一，不要私下交谈，以免分散注意力；第二，不妨碍及评论他人发言，每人只谈自己的想法；第三，发表见解时要简单明了，一次发言只谈一种见解。主持人首先要向大家宣布这些规则，随后引导大家自由发言，自由想象，自由发挥，使彼此相互启发、相互补充，真正做到“知无不言，言无不尽”。

6. 筛选阶段

会议结束后的一两天内，主持人应向与会者了解大家会后的新想法和新思路，以补充会议记录。然后将大家的想法整理成若干方案，再根据一般标准如可识别性、创新性、可实施性等进行筛选。经过多次反复比较和优中择优，最后确定 1 ~ 3 个最佳方案。这些方案往往是多种创意的优势组合，是集体智慧综合作用的结果。

三、头脑风暴法的四个基本原则

1. 自由奔放的思考

在头脑风暴的过程中，与会者需要集中注意力，在会议的中心问题上解放思想，不被束缚地去表达，不着边际、异想天开的设想或许是好创意的原型。

2. 不评判

会议中，禁止评论他人的想法。在头脑风暴的过程中产生的任何想法都是有价值的，不应在过程中评判，以免影响他人思绪。

3. 以量求质

头脑风暴法需要大量的设想，无论好坏，数量足够才能保障质量。在众多的设想中拆分重组，生成创意。最后形成的创意中或许能找到设想的影子。

4. 见解无专利

可以在别人设想的基础上产生新的想法，不要怕占用别人的创意。创意加创意便等于新的创意。

遵循以上原则，再加以时间的控制，使成员在过程中快速运转大脑，不假思索、无顾虑地说出设想；使气氛保持活跃，使设想不断涌出，这便是一次成功的头脑风暴。

【案例八】

组长：我们的任务是砸核桃，要求多、快、好，大家有什么办法？

甲：平常在家里用牙磕，用手或榔头砸，用钳子夹。

组长：几个核桃用这种办法行，但核桃太多怎么办？

乙：应该把核桃按大小分类，各类核桃分别放在压力机上砸。

丙：可以把核桃沾上粉末一类的东西，使它们成为一般大的圆球，在压力机上砸，用不着分类。（发展了上一个观念）

丁：粘上带磁性的粉末，在压力机上砸压或者在粉碎机上粉碎后，

由于磁场作用，核桃壳可能脱掉，只剩下核桃仁。（发展了上一个观念，并应用了物理效应）

组长：很好！大家再想想用什么样的力才能把核桃砸开，用什么办法才能得到这些力。

甲：应该加一个集中的挤压力，用某种东西冲击核桃就能产生这种力，或者相反，用核桃冲击某种东西。

乙：可以用气枪往墙壁上射核桃，比如说可以用射软木塞的儿童气枪射。

丙：当核桃落地时，可以利用地球引力产生力。

丁：核桃壳很硬，应该先用溶剂加工，使它软化、溶解，或者使它们变得很脆。经过冷冻就可以变脆。

组长：动物是怎么解决这一任务的，比如乌鸦？

甲：鸟儿用嘴啄，或者飞得高高的，把核桃扔在硬地上。我们应该把核桃装在容器里，从高处往硬的地方扔，比如说从气球、直升机、电梯上往水泥板上扔，然后把摔碎的核桃拾起来。（类比）

乙：可以把核桃放在液体容器里，借助水力冲击把核桃破开。（物理效应）

组长：是否可用发现法，如认同、反向……解决问题呢？

丙：应该从里面把核桃破开，把核桃钻个小孔，往里面打气加压。（反向）

丁：可以把核桃放在空气室里，往里打气加压，然后使空气室里压力锐减，内部压力就会使核桃破裂，因为内部压力不可能很快减少（发展了上一个观念）。或者可以急剧增加和减少空气室压力，这时核桃壳会承受交变负荷。

戊：我是核桃仁。从核桃壳内部，我用手脚对外壳施加压力，外壳就会破裂（认同）。应该不让外壳长，只让核桃仁长，把外壳顶破（理想结果）。为此，例如可以照射外壳。

乙：我是核桃，我用手抓住树枝，成熟时就撒手掉在硬地上摔破。应该把核桃种在悬崖峭壁上，或种在陡坡上，它们掉下来就破开。

甲：应该掘口深井，井底放一块钢板，在核桃与深井之间开几道沟槽。核桃从树上掉下来，顺着沟槽滚到井里，摔在钢板上就会摔破。

这一次头脑风暴，仅用10分钟就收集了40个观念。

【案例九】让椰子自动裂开

为了提高椰子裂开的完成率，一家蛋糕厂召开了一个小型头脑风暴会，讨论如何使椰子裂开。会上提出了近百个奇思妙想，但似乎没有实际价值。一个员工提出“培育新品种，成熟后自动分裂”的思想。当时，人们认为这是一个奇妙的想法，但有人利用这个想法继续思考，想出了一个简单有效的方法：将椰子原封不动地取出，在椰子壳上钻一个小孔，倒入压缩空气，利用椰子仁内部的压力将椰子挤开。

如何获得更开阔的思想视野，让天马行空的想法在我们的脑海中奔腾！由于现实中许多问题是没有标准答案的，甚至可能有很多答案，在我们思考和界定问题时，就需要先通过头脑风暴提出多种可能的假设，再用书中所介绍的思维力方法进行验证。

在锻炼大脑的过程中，最好能够给自己一点压力和紧迫感。这种紧迫感可以来自时间、重要性、高额报酬等。比如你被邀请去做一次讲座，而讲座费用高达5万元，你必须拿出能让听众觉得对得起票价的内容。而能否拿出对得起价格的内容，取决于平时思维力的练习。所以，很多时候我们需要一些压力来逼自己去思考。经常保持紧张感，以同样的态度面对每件事情，让自己随时处于准备好了的状态，从而提高解决问题的能力。

四、思考与实践

我们不妨去实验一下上面提出的独特的训练方法，找一些问题来思考，比如“如果地铁车门上的广告公司要我帮他提升业绩，我该怎么做”。坚持一段时间，看看思考能力能否得到提升。

选择一个好的对象，进行有效的对话及辩论，并试着推翻对方的假设，可以让自己进行更深入的思考。

方法永远比问题多，大部分问题可通过不同途径或方法处理。思考就是常常提出疑问，然后努力寻求解答。至于是什么稀奇古怪的事情不重要，重要的是要去想，要去锻炼大脑。

第三节　其他界定问题的工具

生活中，我们厘清问题的根本目的是为了弄清事实，那么首要的步骤是什么呢？就是描述问题，将问题具体化。“对于一个问题的重新简洁陈述，常常碰巧能够向我们揭示出它几乎全部的解决办法。”所以，在界定问题之初，我们要善于准确地描述问题。

一、准确地描述问题

【案例十】

假设你是某公司的人事专员，近期公司各部门岗位变动挺大，有许多员工向你询问自己岗位变动的情况，你该怎么回复呢？

“情况好坏”是一个比较笼统的字眼，并不能准确描述问题。所以，首要的是询问该员工对自己岗位变动的意愿是怎样的？对于变动的岗位的熟悉度如何？如果认为岗位变动是坏事，坏在哪里呢？可以让员工举例进行说明。

【案例十一】

假设要到元旦了，学校学生会筹备了一场元旦晚会并如期举行。最后统计时，反馈的结果是晚会节目观看率低，需要分析原因，你会怎么做呢？

你是不是大脑里面迅速地调配出节目不合口味、演出人员演技不高等原因？你有想过不同人员对晚会的需求是不一样的吗？

“低”这样的词语在大部分时间并不能准确地表达说话者要表达的意思，想要让领导了解晚会节目观看率低的原因，可以用具体的数据来进行论证。比如演唱类节目观看率是13.7%，舞蹈类节目是35.5%，这样就能很直观地展现不同的观看率，才能更有针对性地找原因。

通过上面两个案例，我想大家已经能够试着去描述问题，这也是在界定问题的初期常常需要用到的方法。对问题的描述要试着量化、增加例证、清晰化。

准确地描述好问题后，还需要试着对问题进行排序。什么是排序？让我们先来看一个小故事。

【小故事】

一天，有三只虱子在一头猪身上大吵了起来。另一只虱子正好路过，便问道：“你们为什么争吵啊？”三只虱子回答说：“我们在争论猪身上哪个地方肉肥血多。”路过的虱子说：“你们不知道腊祭之日就要到了吗？到那天主人要烧茅草杀猪，难道你们不怕一起被烧死吗？又何必在这个问题上计较呢？”

三只虱子听了醒悟过来，于是赶紧聚在一起，拼命吮吸猪身上的血。猪因此而变瘦了，到了腊祭时，主人就没有杀这只猪。

这个故事的重点是什么呢？就是我们在面临多个问题时要学会分别处理。分别处理就是对问题排序！很多时候，我们可能会同一时间面临多个问题，而这些问题在重要性和紧急性上不可能完全等同，因此我们应分清问题的轻重缓急，把重要而紧急的问题放在第一时间处理。

所以，我们要学会用四象限法则。

二、四象限法则

四象限法则是由著名管理学家史蒂芬·柯维（Stephen Covey）提出的一个时间管理理论。法则把工作按照重要和紧急两个不同的程度进行划分，分为四个象限：既紧急又重要、重要但不紧急、紧急但不重要、既不紧急也不重要，如图 2–2 所示。

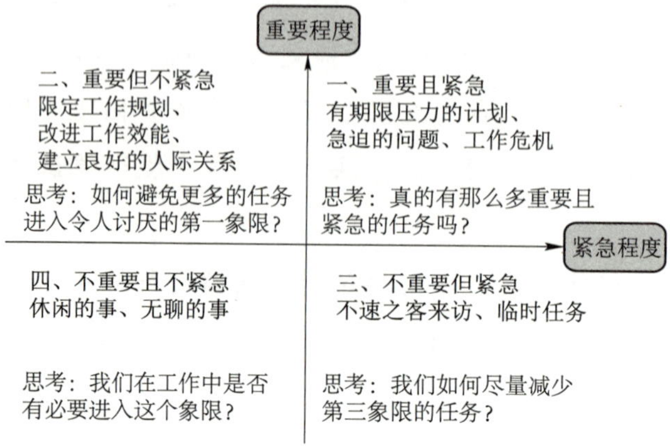

重要程度

二、重要但不紧急
限定工作规划、
改进工作效能、
建立良好的人际关系
思考：如何避免更多的任务进入令人讨厌的第一象限？

一、重要且紧急
有期限压力的计划、
急迫的问题、工作危机
思考：真的有那么多重要且紧急的任务吗？

紧急程度

四、不重要且不紧急
休闲的事、无聊的事
思考：我们在工作中是否有必要进入这个象限？

三、不重要但紧急
不速之客来访、临时任务
思考：我们如何尽量减少第三象限的任务？

图 2–2　四象限法则

处理顺序为：先是既紧急又重要的，接着是重要但不紧急的，然后为紧急但不重要的，最后才是既不紧急也不重要的。

它提倡把主要的精力和时间集中地放在处理那些重要但不紧急的工作上，这样可以做到未雨绸缪，防患于未然。

【案例十二】

报社某位职工离职，临走前偷走了同事张某的采访通讯录，使张某与正在进行的一个专题采访的采访对象完全失去了联系。今天张某要交一个非常重要的稿件，那么他是否应该放下手里的事情先解决通讯录被盗事件？这件事情重要吗？他必须在今天之内处理还是可以等到明天上班再说？

答案：通讯录被盗重要不紧急，按时交稿重要而紧急。因此，应先准备交稿，再解决通讯录被盗事件。

【案例十三】

试分析以下问题的重要性和紧急性？解决时你会以怎样的顺序来完成？

- 明天参加技能竞赛。
- 父亲心脏病突发。
- 后天组织系歌唱比赛。
- 准备参加校学生会主席竞聘。
- 完成老师布置的市场调查工作。

【案例十四】

新的一周开始了，管理新手小张吃过早饭回到办公室，准备安排自己一周的工作，以下是他要做的工作内容，他应该如何进行安排？

- 起草A公司项目计划书。
- 开会讨论B公司计费系统技术故障解决方案。
- 与C公司讨论项目核心技术。
- 向总监汇报新员工试用期工作表现。
- 解决D公司数据系统安装拖延问题。
- 构思季度研发成果报告。
- 讨论月底促销会策略。
- 阅读内部刊物。
- 打电话给同学E，约定下月聚会事宜。
- 给异地某位客户送资料。
- 按常规参加一个项目的周例会。
- 归档封存部门7月份技术档案。

以上事件的紧急程度和重要程度划分如图2–3所示。

依据四象限法则，我们在界定问题时能快速地给所有列出来的问题排序，根据重要和紧急程度来解决问题。

三、六顶思考帽

1. 六顶思考帽概述

“六顶思考帽”是英国学者爱德华·博诺（Edward Bono）博士开发

的一种思维训练模式，或者说是一个全面思考问题的模型。它提供了平行思维的工具，避免将时间浪费在互相争执上；强调"能够成为什么"，而非"本身是什么"；是寻求一条向前发展的路，而不是争论谁对谁错。运用六顶思考帽，可以将混乱的思考变得清晰。

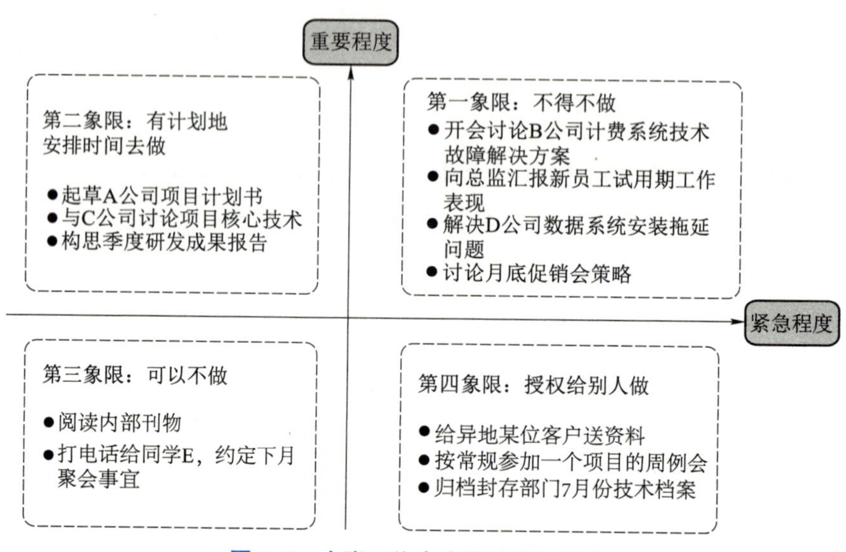

图 2–3　小张工作内容的四象限排序

六顶思考帽是管理思维的工具、沟通的操作框架。

任何人都有能力进行以下六种基本思维，这六种功能可用六顶颜色的帽子来比喻，如图 2–4 所示。

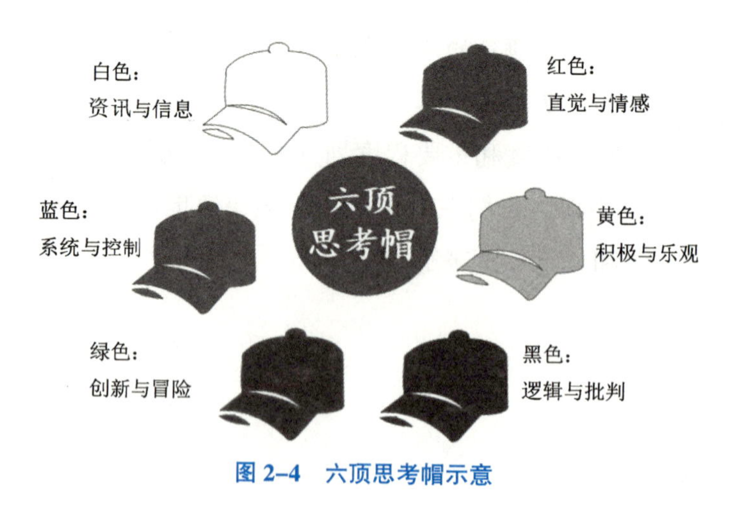

图 2–4　六顶思考帽示意

2. 六顶思考帽的含义

（1）白色思考帽是中立的客观性思维，准确搜集所需要的信息。

（2）红色思考帽是感性的直觉思维，暂时抛开规则，意识到情感和直觉并表达出来。

（3）黑色思考帽是谨慎的消极性思维，可以发现缺点，做出最佳的决策。

（4）黄色思考帽是乐观的积极性思维，做到深思熟虑，强化创造性方法和新方向。

（5）绿色思考帽是跳跃的创造性思维，提出解释预言并进行新的设计。

（6）蓝色思考帽是冷静的逻辑性思维，可以帮助控制过程。

3. 六顶思考帽的核心

“六帽思考法”的核心是对代表六种不同思维的“帽子”的运用。在多数团队中，团队成员被迫接受既定的思维模式，限制了个人和团队的配合，不能有效解决某些问题。运用六顶思考帽模型，团队成员不再局限于某一单一的思维模式，思考帽代表的是角色分类，是一种思考要求，而不是代表扮演者本人。六顶思考帽代表的六种思维角色，几乎涵盖了思维的整个过程，既可以有效地支持个人的行为，也有利于团体讨论中的互相激发。

4. 六顶思考帽在团队中的应用步骤

（1）陈述问题事实（白帽）。

（2）提出解决问题的建议（绿帽）。

（3）评估建议的优缺点：列举优点（黄帽）；列举缺点（黑帽）。

（4）对各项选择方案进行直觉判断（红帽）。

（5）总结陈述，得出方案（蓝帽）。

【案例十五】

一位主持人希望专家给他指出主持中的不足，并加以改进。专家采用六顶思考帽工具来进行沟通，整个过程不断发问，深度解决了他的问题。整个过程沟通对话如下。

问：你能做一个简单的自我评价吗？你这次主持自我感觉如何？（红帽思维）

答：感觉还可以，感觉大家还是比较满意、比较认可的。

问：你能举些例子或者数据来证明你的感觉是对的吗？试举出三个出来好吗？（白帽思维）

答：第一，有两个同事在我主持完后鼓励我，并且表扬了我比以前有很大进步。第二，我有好几次把学员逗笑了，我看得出来他们的笑容是发自内心的。第三，结束时，还有 3 ~ 4 名学员主动和我握手，有的还主动和我交换了名片。

问：你觉得这次主持对你个人来说产生了什么样积极的因素（好处），对你有哪些帮助？（黄帽思维）

答：好处很多，比如锻炼了我的语言组织能力、即兴演讲能力、控场能力，还有情绪控制能力。

问：你觉得表现好的地方在哪里？换句话说，哪些地方是可以传承和发扬的？（黄帽思维）

答：首先，我设计的主持活动流程很有系统性，可以拷贝。其次，我采用的热场活动和破冰游戏让学员很快放松，拉近了距离，效果超出了我的意料之外。还有，我精心设计的开场白可以塑造老师价值、挖掘学员需求、调动他们积极性和参与性。

问：同样的，你觉得还有哪些地方是欠妥的，或者说是需要改进的？你不妨好好回忆一下！（黑帽思维）

答：（思考了大概 5 分钟）我觉得自己不足的地方主要是激情还不够，不够兴奋，没有达到巅峰状态；还有休息的时候，没有有意识地主动和学员接触（其实，这是一个很好和学员建立关系的机会）……

专家看他大概说不出来了，就把所看到的缺点指给他，又问了一句："你知道老师为什么会拖堂半个小时吗？"

答：哦，我知道了，下午的时候，我主持的时间太长了，连续做了 2 个破冰游戏，占了老师的时间。

问：这样会给学员造成什么感觉吗？如果你是学员，你有什么感觉？（黑帽思维）

答：我可能感觉这个主持有点喧宾夺主，还有就是时间管理不善。

问：那以上问题如何来改进呢？你有什么好的方法吗？（绿帽思维）

答：激情方面，我要学习一下自我激励的方法，再找一个学习的榜样；第二个很好解决，下次主动出击，积极沟通；时间管理方面，我不能自以为是，主持前演练一遍，在流程上把时间分配好。

问：如果时光可以倒流，这个培训可以重来的话，你认为如何做才能够做得更好？（蓝帽思维）

答：我会建议培训经理在开课之前开个会，把分工划分明细，尤其要注意细节，把主持的流程告诉大家，我想我们培训的整体服务品质就会更好！

以上问题，就是按红、白、黄、黑、绿、蓝的顺序提问，这样思路清晰，有利于解决问题。

【案例十六】

如何去了解一个人？

白帽（已知信息）：对了解对象客观信息的了解。

黄帽（潜质优势）：该对象的能力优势有哪些？

黑帽（缺点不足）：有哪些短板、不足和障碍？

红帽（感觉直觉）：自己对他/她的感觉怎样？别人对他/她的感觉如何？

绿帽（特色）：他/她有哪些想法？行为方式是怎样的？

蓝帽（统筹整理）：对以上五帽信息进行搜集、整理、归纳。

【案例十七】

如何让家庭更和睦？

白帽（已知信息）：对整个家庭成员客观信息的搜集。

黄帽（优势意见）：多看家人身上的优点；多肯定、鼓励、赞美对方；家庭成员工作稳定、生活富足。

红帽（情感沟通）：对看到的对方的优点进行情感肯定。

黑帽（负面情绪）：家庭成员安于现状，不思进取；有人只知道自己埋头干活，不去维护人际关系；有人考虑问题悲观，行动迟缓；我们只是刚刚步入小康，未来还有很长的路要走……

白帽（评估整合）：对黄帽和黑帽所表达的信息进行整合。

蓝帽（归纳总结）：平衡谈论进度和节奏；做归纳、汇总。

绿帽（创新思维）：思考如何改变现状：发现家人身上的优点；增加进取心，工作更积极；提高共情能力。

【案例十八】

业绩提升讨论

白帽（信息）：2019年就要结束了，在最后的一个月中，如何做好最后的业绩冲刺呢?

黄帽（价值）：调动每个人身上的积极性和他/她的长处，团结一心，分工合作，相信一定没问题！

红帽（感觉）：我感觉我们需要良好的态度和热情，用我们的服务影响客户，想到某产品就想到我们的周到的服务！打造服务标杆店和服务之星……

黑帽（问题）：我们现在存在的问题。

人员方面，……

货品方面，……

卖场方面，……

绿帽（创造）：我们需要创新。

营销上，……

服务上，……

货品陈列上，……

管理上，……

采购上，……

员工激励上，……

蓝帽（控制）：结合大家的意见，我们可以做出……

【案例十九】

办公室电脑速度慢

蓝帽：目前办公用电脑存在年限长、速度慢的问题，本次会议讨论解决方案，先由白帽介绍情况。

白帽：随着软件的增多，占用的资源多，部分设备将不能满足使用需求。

设备的更新大于 3 年，且实际的情况只能更新 1/3。

蓝帽：大家出出主意，怎么办?

绿帽：① 根据设备折旧，是否可以调整设备折旧的期限?

② 是否可以采用笔记本代替 PC ?

③ 采取策略，每半年重装软件。

④ 加装另一个硬盘。

⑤ 虚拟化。

⑥ 对人群进行分类，对发放策略进行调整。

⑦ 采用新软件节省内存。

黑帽：现在笔记本更换预算不能达到。

蓝帽：这是黑帽，请先由黄帽讨论这些方案的可行性。

黄帽：① 已进入新时代，笔记本是应该普及的设备，且更换设备端的配置将很好地满足需求。

② 配置升级，保护投资。

③ 软、硬件方面的调整，改善是最常用的方法，已在其他单位应用，效果不错。

蓝帽：现在讨论以上方法的局限性。

黑帽：① 更换设备资金不足，不能满足需求；财务制度变革时间长。

② 目前使用统一软件，统一采购，在 PC 上不能使用。

③ 软件重装耗费时间太长，人员达到数百。

蓝帽：那么从目前看，解决方案主要集中在配置升级和调整配置策略，大家举手表决一下优先顺序。

红帽：表决顺序如下。

① 把少量更新换代的机会给更需要的员工。

② 大部分员工利用硬件升级（加内存、硬盘）延长使用寿命，节约成本。

③ 定期重装应用软件（如一年左右）。

④ 梯次更新。

蓝帽：本次会议经充分讨论，找出了确定可行具有高可操作性的方法，谢谢大家。

从以上案例我们可以看出，利用六顶思考帽的方法进行工作、生活等各方面问题的探讨和改进是非常实用的。

本章总结

界定问题就是要学会抓大放小，永远不要让自己迷失在问题之中。当我们能够运用5Why分析法和“三直三现”法来洞悉问题的本质，在毫无头绪中脑洞大开，来一场“头脑风暴”，最后准确地描述问题和对问题依据四象限法则进行排序，运用六顶思考帽理清思路，激发更多的创造性思维，找寻更好的方法去界定问题时，我们离分析和解决问题就更进一步了。

第三章　分析问题

素材二

当你遇到问题的时候，你最先会有什么反应呢？逃避、抱怨、抗拒，还是沉静下来，开动脑筋去分析问题呢？评价一个人是否有能力，就要看他是否具备分析、解决问题的思维方式。当一个人具备解决问题的思维方式时，不管把什么样的工作难题交到他手上，他都能够完成。相反，如果一个人没有具备分析、解决问题的思维方式，当他面对某些难题时，由于脑海中没有相应的分析思路，最终只能放弃思考，而问题也只能继续存在。所以想要让自己成为一个有能力的人，具备对问题的分析能力、掌握分析解决问题的思维方式尤为重要。

第一节　MECE 法则

在处理复杂问题的时候，往往会有重复和遗漏的状况发生。如果出现了遗漏或重复，就很有可能拖累逻辑思考的效率和成果。刚开始工作的职场新人，总会有无法马上适应的阶段。从学校的单纯学习状态切换到工作每天做不完的状态，也就只有短短的一段时间，如果在思考的过程中出现了太多重复和遗漏，很有可能无法做好工作。

因此，在掌握事情全貌的时候，要注意自己的思考是否有重复或者遗漏的部分。

逻辑思考最忌讳重复或遗漏，如果只盯着目标或结果的话，很容易考虑得不够周到，可能会失去好不容易得来的机会。把所有的问题都重叠在一起，就看不清事情的本质，找不到解决问题的方法，这时就需要采用 MECE 法则。

一、MECE 的含义

MECE 是英文 Mutually Exclusive Collectively Exhaustive 的缩写，意思是“相互独立、完全穷尽”，即所有分类情况都包括在内，没有逻辑上重复的地方，也常被称为“不重叠，无遗漏”。

二、MECE 法则

MECE 法则是麦肯锡的第一个女咨询顾问芭芭拉·明托（Barbara Minto）在金字塔原理中提出的一个很重要的原则。

所谓的不遗漏、不重叠，指在将某个整体划分为不同的部分时，必须保证划分后的各部分符合以下原则。

（1）各部分之间相互独立。

（2）所有部分完全穷尽。

简单来讲，“相互独立”就是在某一类别中按照属性等确定因素区分，强调每项工作之间要独立，无交叉重叠，意味着问题的分析要全面、周密；“完全穷尽”就是按照类别确定范围，并在这个范围内不要漏掉某一项，意味着问题的细分在同一维度上，并有明确区分、不可重叠的。将整体划为不同部分时，可能的四种情况如图 3–1 所示。

MECE 法则中很重要的一点是在保证“相互独立、完全穷尽”的基础上，选择合适的切入点进行分类。在找切入点的时候，一定要记得以终为始！这个时候一定要反复思考要解决的问题或自己使用的依据是什么。

三、MECE 法则的优势

MECE 法则最大的好处就在于，对于影响问题产生的所有因素进行层层分解，通过分解得出关键问题，以及解决问题的初步思路。无论绩效问题还是业绩问题，都可以通过 MECE 法则不断归纳总结，梳理思路，寻找达到目标的关键点。具体来讲，MECE 法则的优势如图 3-2 所示。

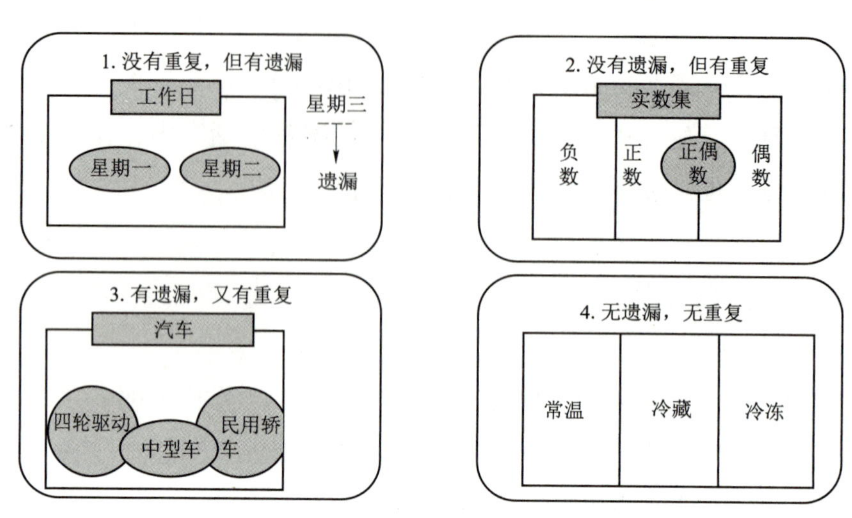

图 3-1　将整体划分为不同部分时的四种情况

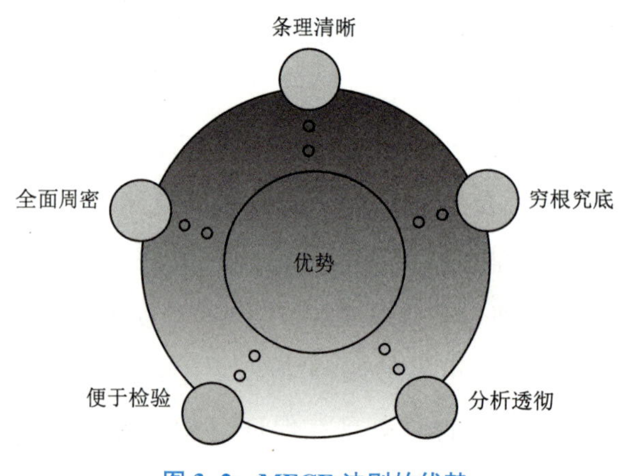

图 3-2　MECE 法则的优势

四、MECE 法则的步骤

如何实现“相互独立、完全穷尽”呢？可以通过以下四个步骤来落实 MECE 法则。

1. 确定问题的范围

首先，明确当下讨论的问题到底是什么，以及想要达到的目的是什么。这个范围决定了问题的边界，让“完全穷尽”成为可能。MECE 法则中的“完全穷尽”是指有边界的穷尽。

2. 寻找符合 MECE 法则的切入点

所谓的切入点，是指按什么标准来对问题进行划分，或者说大家共同的属性是什么。

在寻找切入点的时候，切记以终为始，即希望分类后解决什么问题，得出什么结论。如果实在是想不到分类的切入点，可以试试最简单的二分法：A 和非 A。生活中有很多类似的二分法，如阴和阳、正和反、白天和黑夜、软和硬等。

3. 考虑是否可以进一步细分

图 3-3 为客户的分类，如果按性别划分，的确是满足 MECE 法则的，但要思考，仅仅这么划分对我们的营销策略有帮助吗？

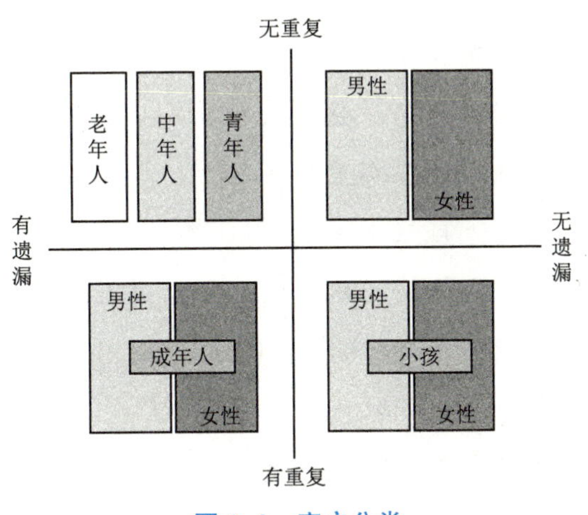

图 3-3　客户分类

不管走到哪一步，请时刻记住“以终为始”。从营销的角度来看，我们可能还要按职业、收入、年龄、居住区域等要素进一步细分，才有可能得出我们真正想要的东西。

4. 确认有没有遗漏或重复

分类之后必须重新检视一遍，看看有没有明显的遗漏或重复。建议用金字塔结构图，可视化的方式比较容易发现是否有重叠项。以培训为例，可以用金字塔结构图进行分解，如图 3-4 所示。

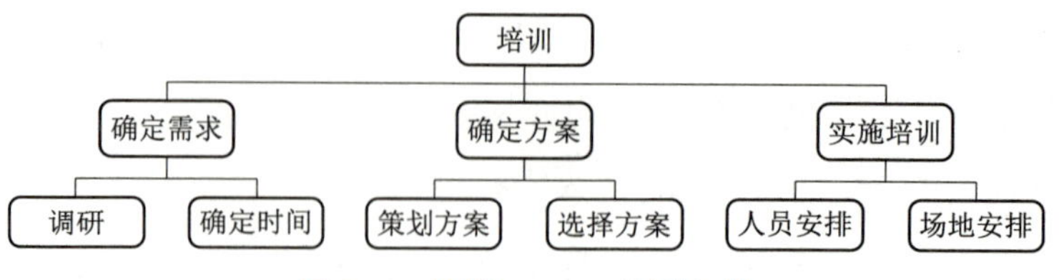

图 3–4　培训 MECE 法则分类

当然，可能会出现这样的情况：仍然有几项虽然不属于前面几类，但在类别中比较重要。这时我们可以试着加一个“其他”类别。

【案例一】

有咨询公司出过这样的面试题目：“上海市一共有多少只鸟”，或者“北京市一共有多少只鸟”。

对于这样的问题，也可以用 3 个步骤来解决。

第一步，界定问题。

先问问自己：鸟在哪里?

回答：动物园、家庭养鸟、公园及森林等自然环境里……

再想想：绝大部分的鸟在哪里?

回答：公园及森林等自然环境里。

第二步，寻找切入点，将问题逐步分解，并开展分析。

鸟的数量 = 鸟窝数 × 一个鸟窝中鸟的只数

一个鸟窝 3 ~ 5 只鸟，可取 4 只。

于是，问题的关键在于鸟窝的数量。

鸟窝数 = 树的数量 × 一棵树上的鸟窝数量

大概每 10 棵树有一个鸟窝，即一棵树上有 0.1 个鸟窝。

这里说的树是能容纳鸟窝的较高的乔木。

于是，问题的关键在于树的数量。

树的数量 = 绿地面积 × 树 / 单位绿地面积。

绿地面积 = 城市总面积 × 绿化率。

上海市从人民广场（城市中心）打车去浦东机场（城市边界）的距离大概是 40 千米，上海城市总面积 = π ×40×40 ≈ 5 000（平方千米）。

绿化率：城市绿化率一般在 10% ~ 20% 之间，取绿化率 =15%。

要知道每平方千米的绿地有多少棵树，得知道树的间距，准确地说，是能容纳鸟窝的较高树木之间的间距。

一般树间距平均为 5 米。

树 / 单位绿地面积 =（1 000/5）×（1 000/5）=40 000（棵 / 平方千米）。

第三步，得出结论并给出建议。

鸟的数量 = 鸟窝 × 鸟 / 鸟窝

= 树 × 鸟窝 / 树 × 鸟 / 鸟窝

= 绿地面积 × 树 / 单位绿地面积 × 鸟窝 / 树 × 鸟 / 鸟窝

= 城市总面积 × 绿化率 × 树 / 单位绿地面积 × 鸟窝 / 树 × 鸟 / 鸟窝

=5 000 × 15% × 40 000 × 0.1 × 4

=12 000 000

值得一提的是，案例面试中的思维过程远比实际的数字重要。上面用到的很多生活常识，也许跟实际数据有一定的误差。但作为面试官，更希望看到你的思维过程，而不是某个具体数字。因为咨询顾问需要具备高超的思考能力，而数字和数据都可以通过从互联网和数据库中获取。

第二节　逻　辑　树

发现真正的重点与具体的解决方案，可以采用逻辑树的框架厘清思路，不进行重复和无关的思考。

一、逻辑树内涵

逻辑树是管理咨询公司麦肯锡推广的思考问题的工具。所谓逻辑树，也称为问题树、演绎树或者分解树等，是一种连接界定问题与议题之间的纽带，指的就是把问题的所有子问题分层罗列，从最高层开始，逐步向右扩展。

形式上，逻辑树就像一棵侧倒大树，也就是把一个已知问题当成树干，然后开始考虑这个问题和哪些相关问题或者子任务有关。每想到一点，就给这个问题（也就是树干）加一个树枝，并标明这个树枝代表的问题。一个大的树枝上还可以有小的树枝，依此类推，找出问题的所有相关联项目。最左边是树根（目标/问题的起点），朝右方开枝散叶，用逻辑结构排列项目，使所有的项目（枝干和树叶）像扇形一样展开，并以线条连接每个项目，直至抵达最右方的终点——树叶，如图 3–5 所示。

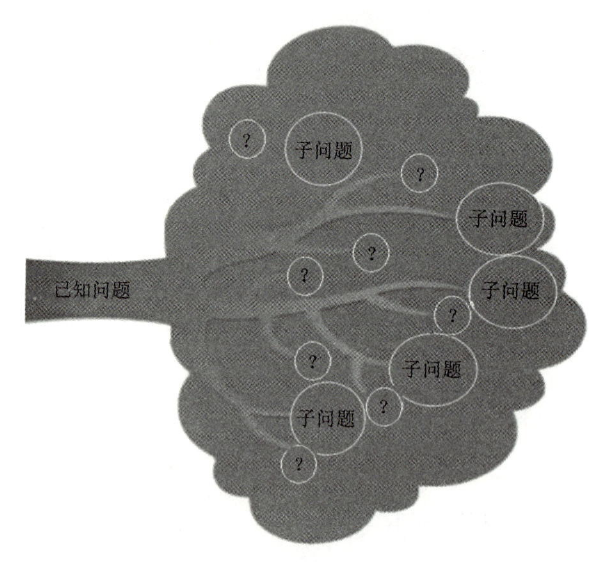

图 3–5　逻辑树

逻辑树框架的关键在于时刻注意每一层的不重不漏，准确掌握探讨该问题时绝对不能忽略的因素。如果在核对要素发现了可能成为问题点的因素，就需要考虑今后能否解决这个问题，并将该问题所在点当作出发点，进一步展开逻辑树框架，解决该问题。

通过逻辑树分析法，我们可以厘清自己的思路，避免无谓或者重复的思考，让分析方向更为集中，确保思考是围绕着问题进行的。

这种思考方法，对于工作和生活都会有很大的帮助。只要熟练运用这种方法去分析问题，会更快、更容易找到解决问题的方案。

二、逻辑树与逻辑思维导图的差异

逻辑树是运用系统思维分析和解决问题的主要工具。逻辑树与逻辑思维导图在内在逻辑上有相通之处，不同点在于以下两方面。

（1）形式上：逻辑思维导图呈现出由中心向四周发散的形状；逻辑树呈现出由左往右的一棵侧倒的树状。

（2）内容上：逻辑思维导图侧重于激发大脑的发散思考，常用于个人拓展思路以及团队的头脑风暴，是一个刺激思考过程的工具；逻辑树侧重于基于逻辑的层层分解，常用于个人组织思路、简化问题以及团队工作的分派，是一个更突出思考结果的工具。

三、逻辑树分析法的好处

逻辑树分析法的好处就是让我们能够通过逻辑思考，在解决问题的过程中深入研究问题的各个成因，从而在短时间内找到问题的解决对策。

由于逻辑树的树干和树枝之间应该以因果关系连接起来，所以对原因和结果进行思考时也可根据因果关系的方向一层一层地抽丝剥茧，以逻辑推演的方式推导出问题的解决方法。

这种思考方式，比起漫无目的地想东想西，会更能让我们找到问题的关键核心。

简单来说，逻辑树分析法的好处，有以下五个方面。

（1）梳理事项之间的因果关系，归纳不同成因，更易找到底层问题的要素。

（2）针对每个树枝提出假设，构思解决方案，方便展开验证工作。

（3）针对各个要素搜集相关资料，进行合理推断，更快排除不相干的项目。

（4）能够聚集问题进行思考，运用不同的思维方式，更有效率地思考原因。

（5）让思考更加有条不紊，提升思考的锐利度，破除阻碍思考的思维盲点。

当运用逻辑树分析法分析问题时，可以把一些复杂的问题分解成一组组细小、简单而且能够独立解决的子问题。

当我们把一个个子问题都解决之后，只要把所有的答案综合起来思考，最终的解决方案就会呼之欲出，我们也因此而找到了行动的方向。

四、逻辑树分析法的核心法则

运用逻辑树分析问题时，应该谨记以下法则，避免陷入无序的思考，浪费不必要的资源。

（1）思考不能偏离目标，而且问题与解决方案之间一定要具备某种逻辑关系。

（2）在思考解决问题的过程当中要不断向自己发问，如“除此之外，还有什么方法呢”“可不可以不通过哪一步骤，就达到这个效果”，或者“这个选项是不是真的有必要呢”等。

（3）在罗列子问题，就是建立树枝时，一定要运用 MECE 法则，把问题穷尽，而又不重复。比如电脑，你罗列出其中一个子问题“配置”，那么就不要接着单独罗列“CPU”这个子问题了。

（4）对问题进行不断分解的过程，就是不断思考解决问题方法的过程。分解得越细，思考的解决方法也就会越准确。对问题的分解，千万不要模棱两可，一定要具体、清晰。

（5）分析问题时从下到上，就是从树干到树枝，再到树叶；而解决问题就反过来，从上到下，先树叶，后树枝，最后到树干，一层一层解决，千万不要第三层的树叶还没找到解决方案时就想着第一层树干的问题。

五、逻辑树分析法的运用

运用逻辑树分析问题时，最好在纸上把问题罗列出来，然后根据问题与相关要素的逻辑关系进行深度的思考。

【案例二】

小明如何才能自己买台笔记本电脑?

小明今年大三了，学的是市场营销，他自己比较喜欢玩 Photoshop 和 PPT，有时也帮着学生设计海报。之前的台式机越来越慢，加上无法携带，很不方便，小明考虑买台新的笔记本电脑。另外，小明想，自己也不再是小孩子了，这次他想自己解决买电脑的资金问题。他看了下自己手头上的资金，父母每个月月底会给 3 000 元生活费；上周某公司做展销会，小明去做了 5 天促销员，赚了 500 元，现在剩 200 元了。还差很多，小明咨询了小强。小强帮他解决问题的步骤如下。

第一步：设定目标。

小强：买多少钱的？什么品牌？什么时候到手？钱哪来?

小明：哦，我想自己筹钱，半年内买个 7 000 元左右的 Thinkpad。

第二步：找出现状与目标的差异。

小强：那你现在还差多少?

小明：嘿嘿，我现在只有 200 元钱自有资金!

第三步：用逻辑树进行分解，列出各种可能。

小强给小明画的收入逻辑树如图 3-6 所示。

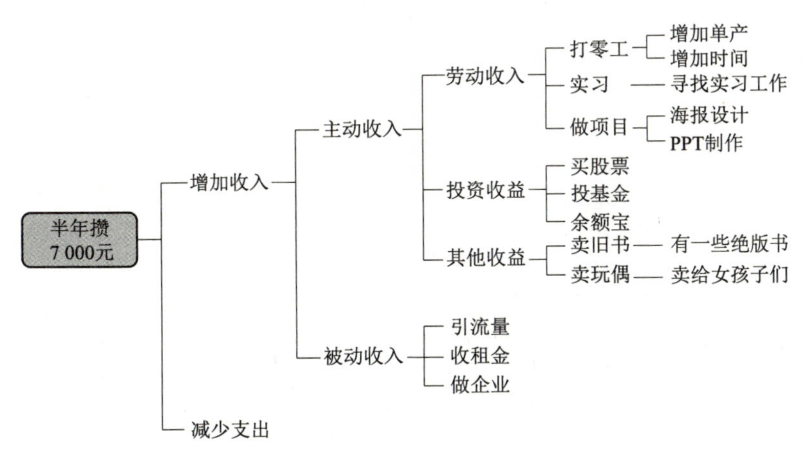

图 3-6 收入逻辑树

第四步：列出所有可能之后再筛选。

小强筛选的可能性如图 3-7 所示。

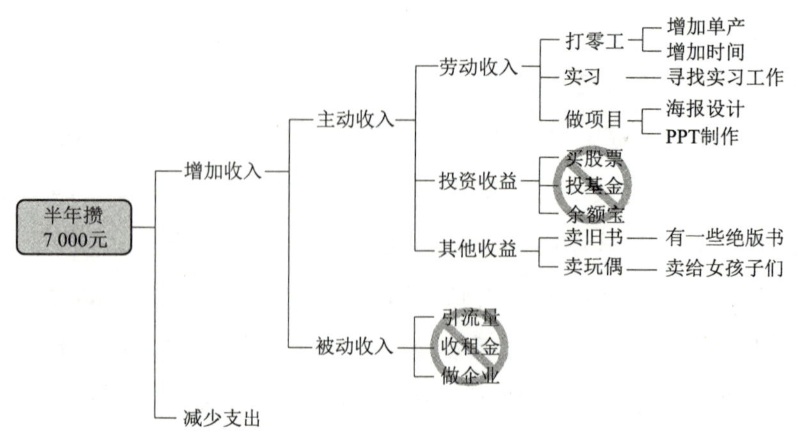

图 3-7　筛选可能性

第五步：验证假设。

小强给出的假设验证如表 3-1 所示。

表 3-1　验证假设

课题	假设	依据	分析和实施	信息来源
增加零工的单产	找到每天150 元以上的零工	听小丽说她有次是每天 200 元	• 再多问问其他同学 • 在论坛上搜索一下	• 咨询同学 • 搜索网络
增加零工的时间	多找几份零工	上次听同学说他一个月可以做好几份活	• 详细打听一下渠道 • 多参加一些社团活动	• 咨询同学 • 咨询社团成员
卖旧书	估计有 500 块	有一些市面上不再出版的绝版书，市价还不错	• 整理一下自己的旧书 • 到旧书网上了解价格	• 自己的库存 • 上网了解价格
设计海报和做 PPT	3 000 元左右	上次帮一家公司做了份海报，赚了 400 元，听说做 PPT 也能赚钱	• 打听海报需求 • 在 PPT 圈子里询问需求 • 上网找需求	• 设计圈子 • PPT 圈子网络
实习	两个月 3 000 元左右	很多同学在暑期实习，一个月 1 500 元左右	• 向同学打听 • 上招聘网站寻找	• 咨询同学 • 招聘网站

第六步：验证完觉得可行性很高，再制订行动计划。

小强给小明制订的实习计划如图 3–8 所示。

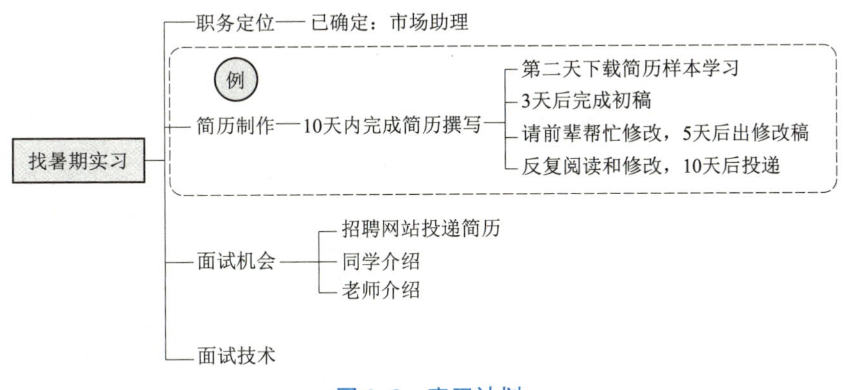

图 3–8 实习计划

综上所述，遇到问题可以运用逻辑树进行相关的分析。当然，分析问题的方式从来都不是唯一的，能够简单分析的问题就不要想得太复杂。

第三节 80/20 法则

需求的无限性和资源的有限性这对宇宙间广泛存在的矛盾，导致大多时候我们没有足够的时间、精力和资金资源实现所有的需求，因此才有了工作优先级排序、精力管理等时间管理工具的出现。

既然资源有限性和需求无限性的矛盾广泛存在，那么我们应该如何解决这个矛盾呢？接下来我们学习著名的 80/20 法则。

一、80/20 法则内涵

80/20 法则，又称帕累托法则、二八定律，是 20 世纪初意大利统计学家、经济学家维尔弗雷多·帕累托（Vilfredo Pareto）提出的。他指出：在任何特定群体中，重要的因子通常只占少数，而不重要的因子则占多数，因此只要能控制具有重要性的少数因子即能控制全局。这个原理经过多年的演化，已变成当今耳熟能详的80/20法则——80%的公司利润来自20%的重要客户，其余20%的利润则来自80%的普通客户；20%的人口与20%的疾病，会消耗一个国家80%的医疗资源。

当然，80/20只是帕累托分布函数在特定常数时的一个特定值，其他的特定值还有64/4（64%的财富属于4%的人）、78/22（犹太人认为世界上许多事物都是按78∶22这样的比率存在的）。因此，80/20法则中的80%和20%只是一个比喻和约数，真正的比例未必正好是这两个数字。

80/20法则的本质是原因和结果、投入和产出、努力和报酬之间存在着无法解释的不平衡，如图3–9所示。一般来说，原因、投入和努力可以分为两种不同的类型。

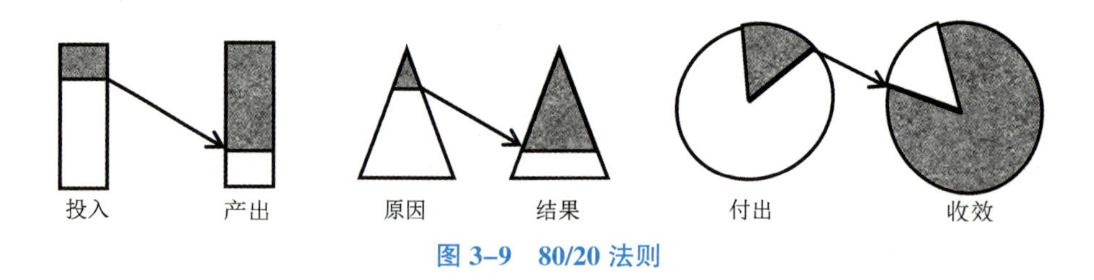

图3–9　80/20法则

（1）多数，但只能造成少许的影响。

（2）少数，但造成主要的、重大的影响。

二、80/20法则的作用

80/20法则已被大量的实践证实可以广泛应用在经济学、管理学和个人管理等众多领域，如财富分配问题、资源分配问题、核心利润问题、重点客户问题、核心产品问题和关键人才问题等。

80/20法则在个人管理上的作用，如学会抓主要矛盾，避免将时间和精力花费在琐事上。一个人的时间和精力是有限的，做好每一件事情几乎不可能，因此必须学会合理分配时间和精力。面面俱到不如重点突破，把 80% 的资源花在能出关键效益的 20% 的方面，这 20% 的方面又能带动其余 80% 的发展。

三、80/20 法则的运用

1. 充分运用 80/20 思想

由于需求的无限性和资源的有限性之间存在矛盾，而且关键的少数可以产生主要的影响和结果，所以在工作和日常生活中就要注意多运用 80/20 法则，改变行为，并把注意力集中到最重要的 20% 的事情上，这样行动的结果就是能以少获多。运用 80/20 法则，必须不断自问：20% 凭借什么因素能产生 80% 的影响力？不要想当然地认为是自己知道的答案，要多花时间好好领悟，多用实践体验和验证。

2. 多多采用 80/20 分析方法

既然没有任何一种活动不受 80/20 法则的影响，那么在工作和日常生活中可以多采用 80/20 分析方法，找出造成某种状况或导致 80% 产出的 20% 关键原因或投入，并针对这 20% 进行改善和提升。

假如 20% 喝啤酒的人喝掉了 80% 的啤酒，那么这部分人是啤酒制造商应该关注的对象。同样，如果你发现公司 80% 的利润来自 20% 的产品，那么就应该尽全力来销售这 20% 的产品；假如你发现公司的业绩由 20% 的员工创造，那么就应该识别出这 20% 的关键员工，并进一步提升他们的绩效和他们对公司的满意度。

【案例三】

一位石油界的老板请来一位效率专家，让专家教自己如何提高工作效率。专家请石油老板写下自己认为最重要的 10 件事情，石油老板为此花了 5 分钟，效率专家又让他花 5 分钟时间写下明天最重要的 10 件事情，并且按照重要程度编号。效率专家告诉石油老板，每天写计划，并且按照事情的重要程度按顺序完成。效率专家同时希望将这个做法在公司内推广，并要求石油老板在一个月以后按收效付款。一个月后，石油老板给效率专家寄来1.5万美元酬金。若干年后，这家石油公司发展为大型连锁企业。

10分钟是一个很短的时间，但如果用来考虑一天的大事，它产生的作用就很大，这就是80%的结果来自20%的原因。所以将80/20法则应用到生活中，只需20%的时间就能创造出80%的效益。

80/20法则告诉我们：在一些关键环节的小的投入和努力，通常可以产生大的结果、产出或酬劳，提高效率就要抓住那20%的重点。

【案例四】

一群青蛙组织一场攀爬比赛，比赛的终点是一个非常高的铁塔的塔顶。

还有一大群青蛙围着铁塔看比赛。比赛开始了，群蛙中没有谁相信小小的青蛙会到达塔顶，它们都在议论："这也太难了！它们肯定到不了塔顶！""它们绝不可能成功的，塔太高了！"听到这些，一只接一只的青蛙开始泄气了，只有一些情绪高涨的还在往上爬。群蛙继续喊道："这太难了！没有谁能爬上顶的！"越来越多的青蛙退出了比赛。但有一只却还在继续，它越爬越高，一点没有放弃的意思。最后，这只青蛙成为唯一一只到达塔顶的胜利者。

其他青蛙都想知道它是怎么成功的。有一只青蛙跑上前去问它，才发现这只青蛙听不见！

这个故事的寓意是：永远不要听信那些习惯用消极悲观态度看问题的人，因为他们只会粉碎你内心最美好的梦想与希望！

要一直记着自己听到的充满力量的话语，一直保持积极、乐观！最重要的是，当有人告诉你，你的梦想不可能成真时，要装作听不见！

80/20法则的运用很灵活，"它能有效地适用于任何组织和任何个人。"它最大的用处在于，当你分辨出所有隐藏在表面下的作用力时，你就可以把大量精力投入到最大生产力上并防止负面影响的发生。

第四节 其他分析问题的工具

日常的工作、生活和学习中，我们总是能碰到各种各样的问题，但是大多数时候，真正的问题并不会自动摆在你面前，它们会以问题的表象、问题的初步解决方案或者无关的干扰信息等形式出现。大多数人都会被这些偏差迷惑，从而偏离问题的真正解决之道。发现问题之后，找到问题的真正原因很关键。没有思考习惯的人，在发现问题的时候往往不去思考，而是急于解决问题，最后却没有找到问题的关键，做了很多无用功。或者只是解决表面问题，无法避免类似问题再次发生；只有掌握根本原因后，对其做出改善，能彻底解决这类问题。向前追溯原因，找到问题的根本原因就采用前面介绍的 5Why 分析法；向后追寻结果，洞悉事物的未来趋势就采用 5So 分析法。

一、5So 分析法

5So 分析法是向后追寻结果，对一个现象连续追问产生的结果，以探求它对未来可能造成的深远影响，洞悉事物的未来发展趋势。

探求事情的结果，这是人的本能，如同追寻原因一样。我们本能的思维逻辑链条太短了，往往只能看到非常浅近的结果，而对深远的影响缺乏远见。比如，下棋只能往后看一两步，求职往往缺乏未来几年的职业规划，而 5So 分析法则能让我们拥有推演事物长远影响的能力。

在边界的界定上，5So 分析法与 5Why 分析法有所不同。5Why 分析法是找到了根本原因就停止，而 5So 分析法却没法找到一个对应的根本结果，总是可以不断推论下去。所以，使用 5So 分析法进行推论时，可以停在概率变得较低，低到没有实际指导作用的那一级，然后等待时间推进，让时间吞噬链条的前面几级，从而使后面几级的概率自动提高，再继续向后推论。

【案例五】

新高考的政策之一是高中开始选科走班。

So？

其中一个回答是，班级的凝聚感、团结感会变弱。

So？

凝聚感减弱，学生的安全感减弱，心理焦虑、紧张、无助，而又得不到足够的帮助。

So？

这些情绪会影响到学生的日常学习。

So？

在学习能力、自主规划能力方向上进行教育创业是一条可行的路。

于是，从一个教育政策得到了一个可行的创业方向。

【案例六】

地中海是最大的陆间海，海水的比热容很大。

So？

冬天的时候地中海附近气温较高。

So？

地中海附近的空气上升。

So？

地中海附近气压较低。

So？

西边的海风吹过来，带来了湿润的空气。

So？

地中海附近地区冬天湿润多雨。

这就是欧洲地区地中海气候显著的原因。上面一条逻辑串下来，不用背诵，自然就记下来了。

【案例七】

有一次月考，数学有一道非常难的选择题，要求根据条件求一段线段的长度。因为这个难题影响了后面的做题节奏，导致很多人没考出应有的水平。

但是有一个学生做出来了，而且很快，声称只用了 1 分钟就做完了。

班上其他数学水平很高、这次没有做出来这道题的同学很不服气，要求这位同学讲一讲他是怎么做的。

这位同学说："我的解题方法虽然不典型，但是确实是只用了 1 分钟时间做出来的。首先我观察到这道题的排版和其他题目不一样，明显感觉到间距更大一些。"

全班同学表示这个思路很奇特，数学题怎么扯到排版问题了？

Why？

"可以推理，这是因为其他题目是老师在网上找的原题，而这题是老师自己出的。"

So？

"既然是老师自己出的题，肯定画图也是自己画的。"

So？

"既然是自己画的图，那么肯定是用数学软件画的。"

So？

"既然是软件画的，所以肯定是非常规范的等比例的标准图。"

So？

"既然是标准图，那么就不用计算了，直接用尺子量一量就好了。我量了，是 1.41 左右，所以答案选 B，$\sqrt{2}$。"

这个思路从数学的角度来讲是很不可取的，但是从思维技巧的角度却非常典型。

二、SWOT 分析

为了应对所处环境的变化，需要了解所处环境中的机会与威胁，以及自己的优势和劣势。大部分人毕业前或毕业时都对自己的职业很迷茫，不知道自己适合做什么，也不知道什么工作适合自己。这时就需要采用SWOT分析法看清自己的优势、劣势，客观地进行自我认知，明确自己的发展方向，从而为自己的学习、工作和生活做出最佳的决策。

SWOT分析法最早是由旧金山大学的管理学教授海因茨·韦里克（Heinz Weihrich）于20世纪80年代初提出来的。所谓SWOT分析，即态势分析，就是将与研究对象密切相关的各种主要内部优势（S）、劣势（W）、外部机会（O）和威胁（T）等，通过调查列举出来，并按照矩阵形式排列，然后运用系统分析的思想，把各种因素相互匹配起来加以分析，从中得出一系列相应的结论，而结论通常带有一定的决策性。

SWOT分析方法一般来说属于综合分析方法，因其既要分析内部因素，也要分析外部条件，即根据自身的既定内在条件进行分析。SWOT分析有其形成的基础。著名的竞争战略专家迈克尔·波特（Michael Porter）提出的竞争理论从产业结构入手对一个企业“可能做的”方面进行了透彻的分析和说明，而能力学派管理学家则运用价值链解构企业的价值创造过程，注重对公司资源和能力的分析。SWOT分析就是在综合了前面两者的基础上，以资源学派学者为代表，将公司的内部分析（即20世纪80年代中期管理学界权威们所关注的研究取向，以能力学派为代表）与产业竞争环境的外部分析（即更早期战略研究所关注的中心主题，以迈克尔·波特为代表）结合起来，形成了自己结构化的平衡系统分析体系。

1. SWOT分析法的特点

SWOT分析从一开始就具有显著的结构化和系统性的特征。就结构化而言，首先在形式上，SWOT分析法表现为构造SWOT结构矩阵，并对矩阵的不同区域赋予了不同的分析意义。内容上，SWOT分析法的主要理论基础也强调从结构分析入手对企业的外部环境和内部资源进行分析。另外，早在SWOT诞生之前的20世纪60年代就已经有人提出过SWOT分析中涉及的内部优势、弱点，以及外部机会、威胁这些变化因素，但只是孤立地对它们加以分析。SWOT方法的重要贡献就在于用系统的思想将这些独立的因素相互匹配起来进行综合分析，使企业战略计划的制订更加科学全面。

2. SWOT 分析法模型

（1）优势与劣势分析（SW）。企业是一个整体，由于竞争优势来源的广泛性，所以，在做优劣势分析时必须从整个价值链的每个环节上将企业与竞争对手进行详细的对比，如产品是否新颖，制造工艺是否复杂，销售渠道是否畅通，以及价格是否具有竞争性等。如果一个企业在某一方面或几个方面的优势正是该行业企业应具备的关键成功要素，那么，该企业的综合竞争优势也许就强一些。需要指出的是，衡量一个企业及其产品是否具有竞争优势，只能站在现有潜在用户的角度，而不是站在企业的角度。

（2）机遇与威胁分析（OT）。比如盗版威胁，盗版替代品限定了公司产品的最高价，对公司不仅有威胁，也可能带来机会。企业必须分析替代品是给公司的产品或服务带来“灭顶之灾”，还是提供了更高的利润或价值；购买者转而购买替代品的转移成本有多大；公司可以采取什么措施降低成本或增加附加值来降低消费者购买盗版替代品的风险。

（3）整体分析。从整体上看，SWOT 可以分为两部分：第一部分用来分析内部条件；第二部分用来分析外部条件。利用这种方法可以从中找出对自己有利的、值得发扬的因素，以及对自己不利的、要避开的因素，发现存在的问题，找出解决办法，并明确以后的发展方向。根据这个分析，可以将问题按轻重缓急分类，明确哪些是急需解决的问题，哪些是可以稍微延迟处理的事情，哪些属于战略目标上的障碍，哪些属于战术上的问题，并将这些研究对象列举出来，按照矩阵形式排列，然后用系统分析的方法把各种因素相互匹配起来加以分析，从中得出一系列相应的结论，而结论通常带有一定的决策性，有利于领导者和管理者进行正确的决策和规划。

3. 应用 SWOT 分析法的步骤

（1）分析环境因素。运用各种调查研究方法，分析出公司所处的各种环境因素，即外部环境因素和内部能力因素。外部环境因素包括机会因素和威胁因素，它们是外部环境对公司发展有直接影响的有利和不利因素，属于客观因素。内部环境因素包括优势因素和劣势因素，它们是公司在发展中自身存在的积极和消极因素，属于主动因素，在调查分析这些因素时，不仅要考虑到历史与现状，更要考虑未来的发展。

① 优势，是组织机构的内部因素，具体包括有利的竞争态势、充足的资金来源、良好的企业形象、技术力量、规模经济、产品质量、市场份额、成本优势、广告攻势等。

② 劣势，也是组织机构的内部因素，具体包括设备老化、管理混乱、缺少关键技术、研究开发落后、资金短缺、经营不善、产品积压、竞争力差等。

③ 机遇，是组织机构的外部因素，具体包括新产品、新市场、新需求、外国市场壁垒解除、竞争对手失误等。

④ 威胁，也是组织机构的外部因素，具体包括出现新的竞争对手、替代产品增多、市场紧缩、行业政策变化、经济衰退、客户偏好改变、突发事件等。

（2）构造 SWOT 矩阵。将调查得出的各种因素根据轻重缓急或影响程度等排序，构造 SWOT 矩阵，如图 3-10 所示。在这个过程中，要将那些对企业发展有直接的、重要的、大量的、迫切的、久远的影响因素优先排列出来，而将那些间接的、次要的、少许的、不急的、短暂的影响因素排在后面。

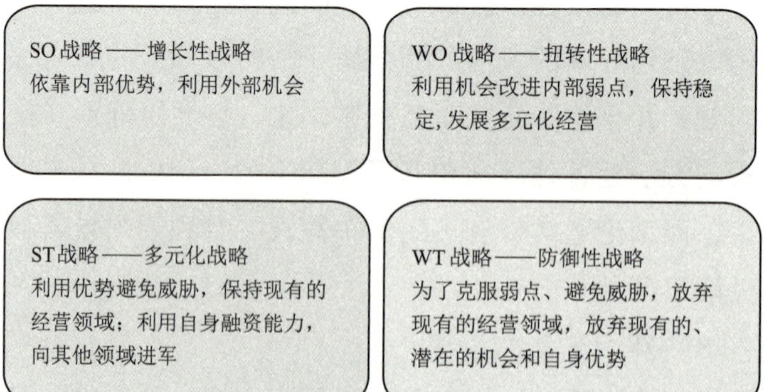

SO 战略——增长性战略 依靠内部优势，利用外部机会	WO 战略——扭转性战略 利用机会改进内部弱点，保持稳定，发展多元化经营
ST 战略——多元化战略 利用优势避免威胁，保持现有的经营领域；利用自身融资能力，向其他领域进军	WT 战略——防御性战略 为了克服弱点、避免威胁，放弃现有的经营领域，放弃现有的、潜在的机会和自身优势

图 3-10　SWOT 矩阵

（3）制订行动计划。在完成环境因素分析和SWOT矩阵的构造后，便可以制订出相应的行动计划。

制定计划的基本思路如下。

① 发挥优势因素，克服劣势因素，利用机会因素，化解威胁因素。

② 考虑过去，立足当前，着眼未来。

③ 运用系统分析的方法，将排列与考虑的各种因素相互联系并加以组合，得出一系列企业未来发展的可选择对策。

【案例八】

山东省某医院是山东省民政厅直属的一所综合性二级甲等优抚医院，占地面积4.8万平方米，建筑面积6万多平方米，有门诊楼、康复楼、综合楼、办公楼及新建成的一万多平方米配有中央空调、中心供氧的住院楼。医院设病床500张，有职工400人，其中，正副主任医师等高级卫生技术人员80多名，中级卫生技术人员140多名；收治了6万多名（不包括门诊）伤病员，其中包括一大批英雄模范人物。

1. 分析环境因素

（1）优势（S）。

① 在优抚医疗领域具有自己特殊的客户群体和排他性的品牌优势。

② 在老年慢性病和肢体伤残的医疗康复方面形成了自己的特色。

③ 医院环境优美，基础设施完善，医疗设备处于先进水平，在硬件设施上具有较大的发展空间。

④ 作为财政拨款事业单位，资金来源具有明显优势，人员工资不用从创收中摊销，具有明显的价格优势。

⑤ 医院信息化建设已具有较好规模，有利于医院进一步发展。

（2）劣势（W）。

① 医院发展缺乏整体战略规划，对上级政策的依赖性较强。

② 患者进入高龄期，数量在逐年减少，医院前景不明朗。

③ 员工观念落后，缺乏竞争意识。

④ 医院定位为优抚事业单位，人员配备明显不足。

⑤ 医院缺乏对外交流，医疗技术相对较弱。

⑥ 人力资源管理落后，高层人才引进困难。

⑦ 医院整体管理水平较低，管理机制不合理。

⑧ 行政后勤队伍庞大，潜在负担较重。

（3）机遇（O）。

① 国民经济持续增长，我国进入老龄化社会，医疗需求将大幅度增加并呈现多样化。

② 政府将加大投入，解决医疗服务的公平问题和卫生投入的绩效问题。

③ 山东省已准备出资，建立城市低保人员医疗救助机制。

④ 国外先进医院管理理念逐渐引入国内医院，并逐渐产生新的医院管理效应。

⑤“看病难”“看病贵”问题已引起政府和社会的普遍关注，国家将采取措施，控制医疗费用增长，鼓励发展平民医院。

（4）威胁（T）。

① 三级医院对市场的垄断依然存在。

② 作为潜在的竞争者，民营及合资医院将不断地冲击现有医疗市场，随着保护期的结束，外资医院也将日益增多。

③ 其他公立医院和民营、合资医院内部改革大步进行，活力增加。

④ 社区卫生服务机构正在稀释二级医院的病源。

⑤ 由于竞争加剧，引进人才的成本增大。

⑥ 新医疗事故处理条例规定的举证倒置等，增加了医疗机构的风险性，对医院产生不利影响。

2. 构造 SWOT 矩阵

该医院应选择 WO 战略，即利用外部机遇来改进内部弱点，克服劣势。

3. 制订行动计划

① 通过全员培训，树立全新的经营观念，提高应对挑战的能力。

② 实施一院两制，以医疗服务为主业，对外开放为辅业，并重新进

行对外市场定位，将医疗健康与生活护理服务相结合。

③ 建立创新机制，全面提升医院核心竞争力。

④ 重新确定目标市场，进行医院流程重组和结构调整，提高医院效率。

⑤ 主动与大医院建立医院联盟或者科室合资合作，寻求技术和人才方面的支持。

⑥ 实施人才战略，加大人力资源开发力度，并完善激励机制，提高员工的积极性。

⑦ 更新服务理念，实施服务营销，完善顾客满意服务体系。

【案例九】

某培训机构是一家从事包括企业培训、公共管理服务培训、会计考试培训、公务员招录培训等的大型教育培训机构。

1. 分析环境因素

（1）优势（S）。

① 知名度较高的培训机构之一，具有几项重要的培训资格。

② 有相当一部分员工素质较好、积极肯干。

③ 部分受训人员层次较高，设备先进。

（2）劣势（W）。

① 顾客面较窄，顾客主要局限于某一领域或社会层次。

② 在一些培训班的组织上受制约较多；服务网络不完善，信息反馈率低。

③ 宣传力度不够，对外联络缺乏主动性。

④ 部分在职人员素质不高，缺乏活力且趋于老化，达不到再次培训的要求。

⑤ 师资力量缺乏。

⑥ 员工福利较差，员工的数量与工作所需职位不协调。

（3）机遇（O）。

① 很多单位希望同该培训机构建立业务联系或开展长期合作项目，

企业高层次培训需求量剧增，培训市场进一步扩大。

② 待开发项目很多，包括一部分合作项目；创新人才层出不穷，其项目经验充足，有能力应付各种合作环境；市场竞争力强，并有能力制造出更好的产品。

（4）风险（T）。

① 相同性质的培训机构出现；各级政府部门开始筹建自己的培训机构；有些类似的培训机构开始扩大自己的市场，现有顾客群呈现出缩小的趋势；行业内培训课程的内容雷同或相似性严重。

② 产品单一无特色，缺乏创新，服务的质量和内容有待提高；自我满足感较强，员工竞争意识不强；管理机制不健全，部分员工由于福利较差，忠诚度和工作热情不高；激励机制和奖励制度不完善，员工积极性没有充分调动起来。

2. 构造 SWOT 矩阵

培训机构选择了 ST 战略，即利用优势避免威胁，保持现有的经营领域；利用自身融资能力，向其他领域进军。

3. 制订行动计划

（1）制订多元化的发展策略，一方面增加企业利润，一方面减少企业经营风险。

（2）建立创新机制，健全管理机制，调动员工积极性。

（3）提炼并优化业务和管理模式。

（4）强化师资队伍建设。

【案例十】

某研一新生，专业方向为新媒体传播。

1. 分析环境因素

（1）优势（S）。

① 开朗乐观、志向高远、生活态度积极、善于发现事物的积极面。

② 诚实稳重、为人正直、待人诚恳、喜欢与人交往。

③ 强烈的责任心、较强的社会适应能力、一定的组织能力。

④ 心思细腻，思考问题细致、缜密。

⑤ 学习认真踏实，具备一定的文学素养。

⑥ 喜欢思考问题，有一定的分析能力，并有寻根究底的兴趣。

⑦ 富有逻辑性和条理性，有一定的书面表达能力。

⑧ 勇于创新、敢于尝试，喜欢接触新鲜事物。

（2）劣势（W）。

① 社会经验不足、知识范围过窄、缺少理性思维能力。

② 语言表达能力不强，不善于在公众场合演讲。

③ 思维比较程式化，不够灵活和变通。

④ 自视过高，我行我素，有时候比较固执，不喜欢采纳别人的意见。

⑤ 性情柔弱，有时候想问题、做事情过于瞻前顾后、优柔寡断，以致错失良机。

（3）机遇（O）。

① 当今是一个信息爆炸的时代，媒体在社会中的作用更显重要。传播学是国内新兴学科，涉及面广，理论性和实践操作性兼备，发展空间很大；既有影视媒体又有网络媒体，社会在这方面的人才需求量大，专业发展前景光明。

② 学校提供了良好的学习环境和很好的软、硬件条件，可以在导师的指导下参与一些科研项目，学以致用，也可以积累实践经验；同时有很多的机会与行业高层人士接触、交流、学习，提高自身素质；可以有考博或就业的双重选择；周围有很多优秀的同学，为自己的学习和课题研究提供了丰富的可利用资源，并且有构建良好的人际关系的条件。

③ 硕士研究生是更高学历、更高层次的专业人才，专业知识更为扎实和深厚，每年毕业的研究生数量远远少于本科生，比本科生具有更多的机会和更大的竞争优势。

（4）威胁（T）。

① 目前我国就业形势严峻，各用人单位对人才素质提出了更高的要

求，越来越多的用人单位更加看重工作经验而非学历。

② 研究生数量剧增，优秀的人很多，机会却不均等，这时就不单单是知识的比拼，更是对个人发现机会、展示自己并把握机会能力的考验。

2. 构造 SWOT 矩阵

运用 SWOT 法进行自我分析后，对自身有了比较清醒的认识，采取了 SO 战略，即依靠内部优势，利用外部机会，进一步明确未来的发展方向。

3. 制订行动计划

（1）利用较强的学习能力，认真学习传播学专业知识和广告学知识，不断提高英语水平和计算机能力，拓展知识面以培养宽阔的视野和创新能力。

（2）利用课余时间参加社会实践锻炼，以积累工作经验。毕业后将从事与专业相关的职业，如传媒业、广告业等。

在使用 SWOT 分析时，应该确保所分析的成分的准确性和新颖性，必须根据情况的变化，具体问题具体分析，调整和完善方案。而且，SWOT 分析只是一项实用技术，要想实现最优化，仅凭 SWOT 分析远远不够，还要考虑与其他方法的综合运用，充分考虑变化着的个体因素和外部因素。只有这样，才能实现客观化和科学化。

本章总结

本章主要讲解了 MECE 法则、逻辑树分析法、80/20 法则、5So 分析法、SWOT 分析法等典型好用的思维分析工具。MECE 法则主要用于所有的问题都重叠在一起，看不清事情的本质，找不到解决问题的方法的情况。逻辑树分析法主要用于深入研究问题的各个成因，从而在短时间内找到问题的解决对策。80/20 法则主要用于合理分配时间、精力及资源。5So 分析法主要用于洞悉事物的未来趋势。SWOT 分析法主要用于对研究对象所处的情境进行全面、系统、准确的研究，根据研究结果制定相应的发展战略、计划以及对策等。

第四章　解 决 问 题

在生活、学习和工作中，我们一直都在试图解决各种问题。它们可能是很平凡的、日常的生活问题，也可能是更大更复杂的问题。比如，今天晚上吃什么？上学采用哪种公交换乘路线最节省时间？如何让落后的学习成绩提升？如何让乏味的专业变成你热爱的专业？

我们每天都会面临至少一个要解决的问题。解决问题的能力越强，能解决的问题越多，麻烦也就越少，身边的人就越开心，因为每个人都会因此受益。

解决问题的能力对于每个人都很重要，那如何才能提高解决问题的能力？要想从容地处理各种问题，不需要非常聪明，但需要学习一些方法并加以练习。

第一节　5W2H 法

一、5W2H 法的含义

5W2H 法是用五个以 W 开头的英语单词和两个以 H 开头的英语单词进行设问，发现解决问题的线索，寻找发明思路，进行设计构思，从而有效地解决问题的方法。它易于理解和使用，对于决策和执行性的活动非常有帮助，也有助于弥补考虑问题的疏漏。

该方法是一个以价值为导向的标准化思维流程，主要指人们追求理想和目标的过程中，都要考虑选择目标（What）→选择原因（Why）→什么场合（Where）→什么时间（When）→什么人或组织（Who）→如何提高效率（How）→性价比如何（How much）七个方面。

What：目的是什么？做什么工作？

Why：为什么要这么做？理由何在？原因是什么？

Who：由谁来承担？谁来完成？谁负责？

When：什么时间完成？什么时机最适宜？

Where：在哪里做？从哪里入手？

How：如何提高效率？如何实施？方法怎样？

How Much：做到什么程度？数量如何？质量水平如何？费用产出如何？

5W2H 法又叫“七何”分析法，它的步骤化、流程化就像医生手上的检查板，面对每个患者，一项项打钩。

5W2H 法是一种常用的调查研究和思考问题的办法，可以让我们熟悉有系统的询问技巧，协助我们发掘问题的真正根源并创造改善途径。采用 5W2H 法来思考问题和解决问题，有助于我们的思路清晰并有条理，杜绝盲目地做事，从而提高工作效率。

二、提出问题的重要性

提出疑问对于发现问题和解决问题是极其重要的。使用 5W2H 法，关键是能够提出疑问。创造力高的人，都善于提问题。提问题的技巧高，提出的问题可以发挥人的想象力。相反，有些问题提出来，反而挫伤我们的想象力。

对问题不敏感，看不出毛病，是与平时不善于提问有密切关系的。对一个问题追根究底，才有可能发现新的知识和新的疑问。阻碍提问的因素：一是怕提问多，被别人误以为什么也不懂；二是随着年龄和知识的增长，提问欲望渐渐淡薄。如果能克服这些提问阻碍，创造性就能够得到极大的提高。

【案例一】

老师说：“小明，把你的求职简历打印一下。”

这句话缜密吗？打印几份呢？什么时候要呢？打印完交到哪里呢？

用 5W2H 法重新整理一下。

Who：小明。

What：打印求职简历。

Why：给招聘企业推荐就业。

When：下班前。

Where：老师办公室。

How：用高品质打印。

How much：2 份。

重新整理一下，老师可以这么说："小明，把你的求职简历打印 2 份，今天下午 4：30 前送到教师办公室交给徐老师。请留意打印的质量，徐老师要带给招聘企业，为你推荐工作。"

这样是不是缜密多了呢？

【案例二】

学校计划举办元旦晚会，学生会主任负责编制晚会方案，他利用 5W2H 法，明确了自己的任务及目标。

What：完成元旦晚会方案。

Why：学校要组织此晚会。

When：12 月 24 日晚上 6：00—9：00。

Where：学校学生活动中心。

Who：自己负责方案，要明确晚会参加人员名单、组织人员名单。

How：学生自行组织。

How much：初步预算 10 000 元以内。

制订的方案可执行性是不是更强了呢？

【案例三】

假如你刚进入一个企业不久，当接到领导的一个新任务的时候，可以从以下几个角度思考。

What：领导交给我的任务是什么？如果没听懂，一定要问明白，事先问强过事后问。

Why：领导为什么把任务交给我？领导为什么要做这件事？通过前一个问题可以过滤掉不属于你的工作，提高自己的产能；后一个问题能帮你快速建立起对这个需求的认知框架，起码确保大方向上跟领导一致。

Who：这个任务是想解决谁的问题？我熟悉他们吗？

Where：任务中，碰到问题的用户在哪里？发生问题的场景是什么？

When：领导希望任务在什么时候完成？我能够完成的时间大概是什么时候？

How：如何才能完成这个任务？领导能给我什么资源？我可能调动哪些资源？

How much：我能够做到什么程度？需要投入的设计和开发资源有多大？

如果想清楚这几个问题，就算你是一个技能和行业知识储备都不足的新手，也能在正确理解领导意图和解决问题的道路上迈进。

【案例四】

公司5号仓泵底座法兰螺栓需要更换垫片，由你负责这个事项，如何完成这个任务呢？

1. What：公司5号仓泵底座法兰需要更换垫片

2. When：完成时间

（1）最佳实施时间为当日上午8：30—9：00，9：00公司车间开始下灰。

（2）避开下灰、排放等影响检修外部环境的因素。

（3）避开中午酷热及乏困时。

3. Where：启动地点

（1）公司5号仓泵底座法兰螺栓。

（2）距楼下地沟1.5 m，周围管道较多但基本不影响施工。

（3）周围可能有可燃气体，要避免明火作业。

4. Who：负责人员

（1）检修项目负责人A。

（2）检修票证办理人B。

（3）安全措施批准人C。

（4）检修监护人D。

（5）检修作业人E。

5. How：实施方法和措施

（1）方法。

① 操作工将5号仓泵手动停运，就地控制柜拨至“手动”位置，微机上停2号仓泵，确保各阀门处于安全停运关闭状态，并用两种以上方法验证（微机显示压力为零；现场压力为零，开放空）。

② 关闭手动进气阀。

③ 钳工拆卸螺栓更换垫片，新螺栓紧固，确保法兰连接不漏气。

④ 对各相连管道进行加固，防止管道震动过大。

（2）措施。

① 紧固人员必须劳保着装，佩戴劳保手套、安全帽，穿防砸劳保皮鞋，佩戴防护眼镜。

② 要有相应辖区工艺操作人员专人监护。

③ 准备相应型号的螺丝以备更换。

④ 准备容器放置工具、螺丝等。

⑤ 对检修作业危害进行分析，并采取相应的预防措施。

6. How much：预期目标，质量、费用等

（1）预计用时：20分钟。

（2）参与人数：5人。

（3）需要工具：22号扳手2个，加力杆1个，清垫工具1把，对讲机2个。

（4）劳动工作服1套，劳保手套1副，防砸劳保皮鞋1双，安全帽2项，防护眼镜1副。

（5）备件：50号法兰垫片1个，黄油100克，22号螺栓4条。

（6）急救用品：1 个氧气袋，2 个创可贴。

三、适用的场景

1. 做一件事情之前的思考

在做一件事情之前，要进行有条理的思考，比如做这件事情的意义（Why）、大概的计划等。这样，相关的准备工作才能充分。通过评估现有的条件是否能完成、完成任务的付出和收益是否成比例来判断这件事情是否可行。

2. 临时接到的一项任务

有时会被领导临时叫过去，布置一项任务。领导可能就一句话，这时候要会在脑中迅速地过一下这七项因素，有些确实是隐含的、不必确认，有些要素必须确定，就要马上与领导沟通。

四、不适用的场景

1. 具体做事时

5W2H 法更多的是用在接触事情的开始，如交办任务时、做计划时，一旦到具体做事时，此框架大都无用武之地了。

2. 深入思考时

5W2H 法更多的是浅层包围思考，以免遗漏对某方面的考虑。但对于某一方面的深入思考，就需要其他思考框架辅助，如深入问题根源的 5Why 法等。

3. 日常事务

日常事务是我们基本上每天都在做的事，已有一套固定的流程，基本上不用思索，所以不用 5W2H 法。需要说明的是，在建立流程框架的时候，可以应用 5W2H 法思考。

第二节　PDCA循环

一、PDCA 循环的含义

PDCA 循环是美国质量管理专家休哈特（Walter Shewhart）博士首先提出的，由戴明（William Peming）采纳、宣传，获得普及，所以又称戴明循环。

PDCA 是由英语单词 Plan（计划）、Do（实施）、Check（验证）和 Adjust（调整）的第一个字母组成的，PDCA 循环也是按照这样的顺序进行质量管理的循环。

P（Plan）：计划，确定方针和目标，确定活动计划。

D（Do）：实施，实地去做，实现计划中的内容。

C（Check）：验证，总结执行计划的结果，注意效果，找出问题。

A（Adjust）：调整，对总结检查的结果进行处理，对成功的经验加以肯定并适当推广、标准化；对失败的教训加以总结，以免重现，未解决的问题放到下一个 PDCA 循环。

二、PDCA 循环的运转

PDCA 循环图如图 4-1 所示。一个循环结束后的成果产出，成为下一个循环的改善方案。这一方案将反映在下一个循环当中，同时开启新一轮的计划、实施、验证和调整。

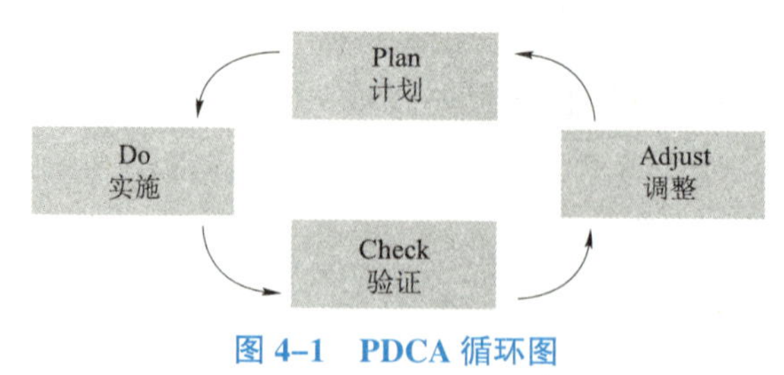

图 4-1　PDCA 循环图

三、PDCA 循环各阶段的具体内容

1. Plan（计划）

在计划阶段，首先需要确定所要达到的目标。目标不确定，任何事情都无从谈起。而且，这一目标必须制订得尽可能具体。

制定的目标不允许含糊不清，例如本学期学习进步等。要明确目标的具体内容，例如本学期期末考试成绩排名进入班级前 10 名。目标制订得越具体，目标与当前所处位置之间的距离就越明确。距离明确了，未来应当付出的努力，即必须解决的课题就会越清晰。

所谓课题，既包括学习的时间安排，也包括提高学习效率的方法以及准备必要的参考资料等内容。课题确定之后，就要为解决课题制订出大致的方向。到此，计划阶段可以暂时告一段落。无疑，如果目标制订得非常遥远，就很难让人发现为此需要解决的课题。一旦发现了合适的课题，就要迅速地将其抓在手中，并开始解决。对于暂时模棱两可的部分，也要提出一个假说，并且在以后的活动当中逐步提高计划的精度。

计划阶段非常重要，可以说 PDCA 循环的一半是在制订计划。

2. Do（实施）

计划阶段已经制订出相应的课题解决方案，实施阶段要将这一解决方案划分为多个行动措施，并将这些行动措施落实为具体任务，以利于组织实施。这个阶段的重点，是尽可能迅速地将行动措施落实为具体任务。

通常情况下，制订了行动措施，比如知道必须坐下来认真学习，也知道需要向老师请教，但是由于想偷懒，或者因为不感兴趣，便很难将行动措施立即落实为具体任务。如果把目标的达成日期确定在了较长时间之后，就更是如此。因为如果没有提出明确的要求，人们总是会将“舒适”和“紧迫性”这两个条件作为决定采取行动的标准。但是，如果将抽象的行动措施编入具体日程，如每天早上六点钟准时起床读英语、晚饭后利用两小时时间做练习题等，这就等于把自己推上了风口浪尖，

迫使自己不得不采取行动。如果再将行动具体化，就会产生更积极向上的效果。

3. 验证（Check）

实施阶段制订的行动措施与具体任务，都是在计划的基础之上设立的假说。因为是在现有信息基础之上得到的最佳方案，所以仍然需要在执行过程中定期、反复地对它们进行验证，以确认这一假说的真实性。现实中，PDCA 循环一旦在最初阶段制订了计划，其后的主体便转移到了实施环节。在这一环节当中，人们将随时对实施情况进行验证和调整，根据情况还要对计划做出适当修正。

例如，早上起床后坚持读英语，可英语已经掌握得非常好了。既然如此，坚持读英语似乎就显得不那么重要了。明智的做法是，腾出更多的时间用于读语文或是记忆其他知识。像这样，由于对实施方案进行了实时的验证，极大地减少了实施阶段的“无效作业”。

在实施阶段，如果对自己设立的假说不抱信心，就无法激发更高的热情，当初设定的目标也极有可能半途而废。因此，实施阶段充满自信就显得尤其重要。在对成果进行验证时，用客观的眼光提出一些问题，如“是否还有更高效的方法”“难道没有其他办法了吗”“是否仍存在着潜在的课题”。对自己当初建立起来的假说抱有一丝疑虑，同样显得特别重要。

4. 调整（Adjust）

通常第四个阶段称为改善或者纠正阶段，但是称调整阶段应该更为合适。因为“改善”或“纠正”中并未包括“提高”的含义，因此很有可能将提升方案忽略。

根据验证结果，提出调整方案，并转入到下一个 PDCA 循环。

调整方案，归纳起来有以下四大种类。

（1）对总体目标的调整。所谓对总体目标的调整，是指在收集信息以及对现状验证的基础之上，改变目标所指的方向，或者推迟目标达成的日期。有时，这种情况也可以认为是当前的 PDCA 陷入中断，新的 PDCA 重新开启。

（2）对实施计划的大幅度调整。所谓实施计划的大幅度调整，主要是由于以往不曾显现的课题浮出水面，以至于不得不大幅度调整现有计划，重新收集信息并研究解决方案，从而导致 PDCA 循环速度大幅度下降。

（3）对解决方案及具体措施的调整。所谓对解决方案及具体措施的调整，是指在实施阶段的细微修正。在整体计划不变的情况下，调整课题的优先顺序，选择更为适当的手段方法，从而对整个进程进行细微的调整。经过数个循环之后，PDCA 的精度已经得到大幅度的提高，只要进行细微的调整便可以满足整体要求，使得 PDCA 循环达到高速连续的运转。

（4）不需要调整。有时，验证结果一切进展顺利，也就不再需要做任何调整。PDCA 似乎让人觉得必须不停地进行各种调整，但是如果对整个进程给予足够的关注，有时也就不再需要做任何调整。

验证结果不同，调整方式也不尽相同，这便是调整阶段具有的特征之一。

图 4-2 为 PDCA 的整个循环过程，和一般的 PDCA 循环过程的区别一目了然。

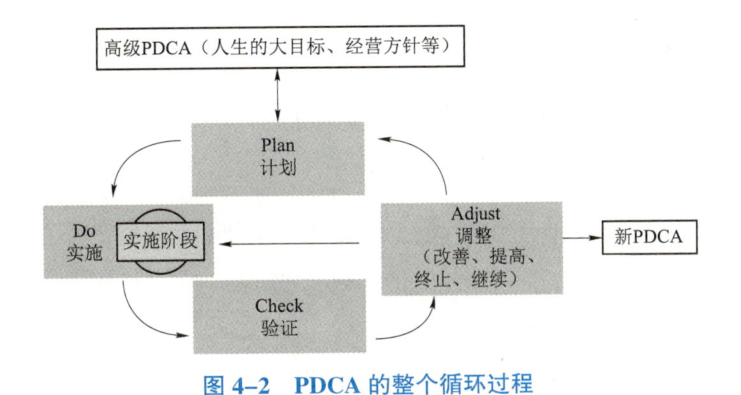

图 4-2　PDCA 的整个循环过程

四、PDCA 循环的四个阶段、八个步骤

PDCA 循环在四个阶段的具体实施过程中，是按照八个步骤进行的。

1. 计划阶段

计划阶段包括以下四个步骤。

第一步，分析现状，找出存在的质量问题。

第二步，分析原因和影响因素。针对找出的质量问题，分析产生的原因和影响因素。

第三步，找出主要的影响因素。

第四步，制订改善质量的措施，提出行动计划，并预计效果。在进行这一步时，要反复考虑并明确回答以下问题。

（1）为什么要制订这些措施（Why）？

（2）制订这些措施要达到什么目的（What）？

（3）这些措施在何处，即哪个工序、哪个环节或在哪个部门执行（Where）？

（4）什么时候执行（When）？

（5）由谁负责执行（Who）？

（6）用什么方法完成（How）？

以上六个问题，归纳起来就是原因、目的、地点、时间、执行人和方法，亦称5W1H问题。

2. 实施阶段

该阶段只有一个步骤，即第五步，执行计划或措施。

3. 验证阶段

这个阶段也只包括一个步骤，即第六步，验证计划的执行效果。通过做好自检、互检、工序交接检、专职检查等，将执行结果与预定目标对比，认真检查计划的执行结果。

4. 调整阶段

该包括两个具体步骤，即第七步和第八步。

第七步，总结经验。对检查出来的各种问题进行调整，正确的部分加以肯定，总结成文，制定标准。

第八步，提出尚未解决的问题。通过检查，对效果还不显著或者还不符合要求的一些措施，以及没有得到解决的质量问题，本着实事求是的态度，把其列为遗留问题，进入到下一个循环中去。

调整阶段是 PDCA 循环的关键，因为调整阶段是解决问题、总结经验和吸取教训的阶段。提出调整方案，并转入到下一个 PDCA 循环，使 PDCA 循环转动向前。

【案例五】

作为一名学生，每天的学习如何利用 PDCA 进行安排？

P：每天早上起床后，想一想今天要做什么、今天学习和其他活动的重点在哪里、学习和其他活动过程中可能会出现哪些问题、应该重点注意检查哪些地方。

D：考虑好以后，就开始实施今天的学习和活动。

C：在学习或活动的过程中，进行有目的的验证，重点检查容易出错的地方。

A：一天工作结束后，对今天的学习和活动做总结，例如哪些地方完成比较好、哪些地方要改进，为第二天的学习和活动做准备。

【案例六】

作为一名管理人员，每天的工作如何利用 PDCA 进行安排？

P：每天早上，进办公室的第一件事就是为今天的工作做一个计划，比如明确哪些事情该做、主要的事情是哪几件、哪些是检查的重点、哪些地方最容易出问题、谁最容易出问题。

D：考虑好以后，就开始布置工作，由下属去实施。

C：在他们工作的过程中，进行有目的的验证，重点检查容易出错的地方和容易出错的人。

A：一天工作结束后，对今天的工作做总结，例如哪些地方完成比较好、哪些地方需要改进，为第二天的工作做准备。

【案例七】

假如今天天气不错，心情也很好，所以你决定尝试一下人生的第一

次蛋炒饭。

P：计划按照在“百度搜索制作方法→购买食材→烹饪→吃”的顺序进行，结果希望是黄金蛋包饭，粒粒金黄、不咸不淡。

D：开始按计划执行。

C：只有一半的米饭是金黄色的，但是味道还不错。

A：总结经验。本次做的炒饭味道非常好，对于盐量及火候的把控都非常不错，一定要记录下来这个过程，作为下次蛋炒饭的经验。黄金蛋包饭只成功了一半，原因在于鸡蛋放少了，这个作为下一次改进的重点，找出最合适的鸡蛋用量。

【案例八】

开发商建造一个住宅小区，要在预定的期限内高质量地顺利完成整个项目。

P：在项目开始之初编制一个具体可行的工程进度计划。

（1）承包商的进度计划。通过招标程序确定承包商后，业主方将要求其在进场前提供更为具体的施工组织设计，其中包含了为按期完成项目而编制的工程进度计划。

（2）监理单位评审进度计划。监理单位在收到承包商报送的工程进度计划后组织专业工程师对其进行评查。监理单位对该进度计划评审后需提出具体意见，经总监审核并报业主单位批准后执行。评审不合格的工程进度计划，监理工程师应提出修改意见，要求承包商在指定的时间内重报。

（3）业主单位的进度控制计划。该项目工程进度计划通过监理的评审后，业主单位的项目管理人员需再次对其进行讨论，并编制自己的进度控制计划。

D：承包商开始按既定的计划、工序进行施工。

在此阶段，由于受外部条件的变化、设计变更、施工单位资源投入情况、材料供应及天气等因素的影响，实际的施工进度、施工工序难免会发生一定的变化。如何在实施中根据这些因素对工程进度的影响，加强对进度的控制，就需要项目业主、监理单位积极地发现问题，预防可能发生的变化，对已发生的影响进度的事件积极处理。此时，项目业主应注意以下几点。

（1）协助承包商排除外部事件的干扰，保证场内的正常施工秩序。

（2）监督承包商按既定的计划、工序施工。

（3）对由业主提供的主料保证供应。

（4）对各种延长工期的申请严把审批关。

（5）对各种合理的工程进度款支付及时处理，保证承包商的良性资金流动。

C：项目管理人员检查进度计划的实际执行情况，并及时地发现问题。

这一阶段，主要是收集工程项目信息，对进度执行情况跟踪检查。

A：在工程项目施工期间如出现可能导致工期变化的因素时，项目管理人员及时采取果断的处理措施。

（1）提早发现问题，预防不确定事件的发生。

（2）在施工过程中如出现对工程进度影响较大的设计变更，业主方应协调设计单位及时发出设计修改通知，督促承包商尽快提出相应的施工方案。如工期不可调整，则可采取赶工措施，在合同范围内给予承包商合理的经济补偿，以免承包商因费用问题而消极怠工。

（3）设立工程进度奖。对工程各主要节点设置适当的进度奖金，提高承包商的积极性，促使其加大资源投入。

（4）形成例会制度。项目管理人员通过与监理单位、承包商的交谈，在了解工程情况的同时可以掌握、协调各方的关系，避免由于各方沟通原因对工程造成影响。

（5）此外，项目管理人员还应建立物资计划等台账，同时对变更项目进行跟踪记录，以便在应对各种不确定事件时及时提出完整可靠的资料。

工程项目进度管理是一项综合性事务，在建设工程项目进度管理中引入PDCA循环可使项目进度处于一种动态管理中，通过不断发现问题、处理问题，提高了管理手段的科学性和有效性，确保了工程项目的顺利完成。

第三节　波士顿矩阵分析法

波士顿矩阵又叫 BCG 矩阵、四象限分析法等，是制定公司战略最流行的方法之一，它是由波士顿咨询公司创始人、知名管理学家布鲁斯·亨德森（Bruce Henderson）于 20 世纪 70 年代开发的。

波士顿矩阵将组织的每一个战略事业单位标在一种二维的矩阵图上，从而显示出哪个战略事业单位提供高额的潜在收益，以及哪个战略事业单位是组织资源的漏斗。这个模型的实质是为了通过业务的优化组合实现企业的现金流量平衡。

波士顿矩阵将公司业务划分为四种组合，如图 4–3 所示。

（1）问题型业务：投机性产品，利润率可能很高，但是市场份额很小，未来需要更多的投资，公司需要考虑是否发展该业务。如果采取增长战略，目标是扩大其市场份额，让其变成明星型业务。

（2）明星型业务：处于快速增长的市场，并占有支配地位的市场份额。也许会产生现金流，也许不会，取决于公司新工厂、新产品的开发和资源投入。好项目需要增长战略，未来能变成现金牛业务。

（3）金牛业务：处于这个领域的产品能产生大量现金，支撑其他三个象限的业务，但是未来增长前景有限，需要稳定战略。

（4）瘦狗型业务：既不能产生大量现金，也不需要投入大量现金，产品没有改进业绩的希望了。业务是微利或者是亏损的，也有情感因素使其一直留在企业中，应该采取收缩战略。

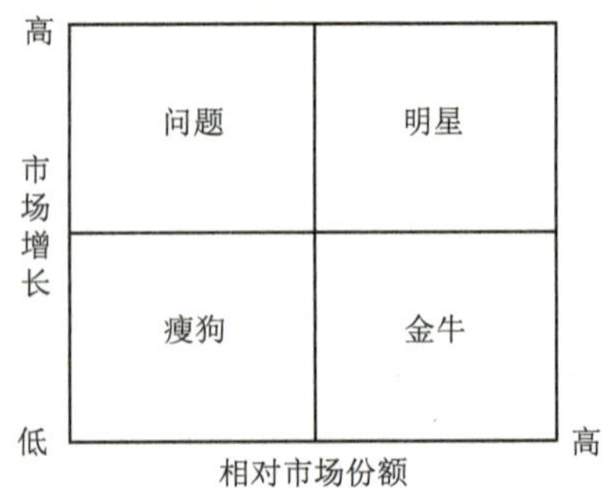

图 4–3　波士顿矩阵

用好波士顿矩阵的关键是找到评估

一件事情的两个关键要素 / 标准，例如，用利润和销量替换波士顿矩阵中的两个要素，可把公司的产品线分为四类。

（1）利润高且销量高的产品必须是支柱产品，严防死守。

（2）利润低但销量高的产品一般是走量产品，薄利多销。

（3）利润高但销量低的产品也许是问题产品，也可能是小众产品，需要研究。

（4）利润低且销量低的产品是瘦狗型产品，可以考虑换掉，腾出资源。

【案例九】

下面用波士顿矩阵分析思考生活中的重大问题。

1. 如何选工作？

（1）找个又喜欢又擅长的工作真的很难得，好好珍惜。

（2）喜欢但是做不好，虚心学习。

（3）做得不错但是不喜欢，可以思考是不是要转行。

（4）又不喜欢又做不好的工作，最好改行。

2. 如何求升职？

（1）现有能力高且未来潜力大，就把现在的本职工作做好，同时让领导看到你有巨大的潜能。

（2）现有能力不突出但未来潜力大，勤奋苦干，做好工作以后多跟领导谈谈自己的梦想。

（3）现有能力高但未来潜力不突出，那就认真工作让领导放心。

（4）现有能力不高且未来潜力不大，应先着重提高自己的能力。

3. 如何安排优先级？

每天可能会面临很多工作，从成功率和影响力两个指标可以更合理地安排工作的先后顺序。

（1）影响大又很容易做成功的，应该马上取得胜利，保护战果。

（2）影响小但是成功率高的事情，可以延后再做。

（3）影响大但是成功率低的事情，要重点思考如何部署可以提高成功率。

（4）影响小又很难做成功的，可以放弃。

【案例十】

白酒市场上，经久不衰的品牌并不多。假如你是一个白酒经销商，现在经营A、B、C、D、E、F、G共七个品牌的酒，公司可用资金50万元，你应该怎么分配资金？

1. 用波士顿矩阵原理归纳，白酒有四种品牌。

（1）明星品牌。这类品牌的市场销售增长率处于上升阶段，在与主要竞争对手竞争中处于领先地位。这类品牌既有发展潜力，又具有竞争力，是高速成长市场中的领先者，处于品牌生命周期中的成长期。

（2）金牛品牌。这类品牌的市场销售增长率处于下降阶段，市场份额占有率较高，处于品牌生命周期中的成熟期，销售规模较大，能够带来大量稳定的现金收益。

（3）瘦狗品牌。这类品牌的市场销售额下降严重，市场占有率低，处于品牌生命周期中的成熟后期或衰退期。

（4）问题品牌。这类品牌市场销售增长率处于上升阶段，需要企业投入大量资金支持；但品牌的市场占有率不高，或存在着强大竞争对手，或自己的营销手段等有重大缺陷，但该品牌市场潜力看好。

2. 前半年的市场销售统计分析结果。

（1）A、B品牌业务量为总业务量的70%，两个品牌的利润占总利润的75%，在本地市场占主导地位。但这两个品牌是经营了几年的老品牌，从去年开始市场销售增长率已呈下降趋势，前半年甚至只能维持原来的业务量。

（2）C、D、E三个品牌是新开辟的新品牌。其中，C、D两个品牌前半年表现较好，C品牌销售增长了20%，D品牌增长了18%，且在本区域内尚是独家经营。E品牌是高档产品，利润率高，销售增长也超过了10%，但在本地竞争激烈，该品牌其他两家主要竞争对手所占市场比率达到70%，而公司只占10%左右。

（3）F、G两个品牌市场销售量下降严重，有被C、D品牌替代的趋势，且在竞争中处于下风，并出现了滞销和亏损现象。

3. 根据波士顿矩阵原理，采取如下措施：

（1）确认A、B品牌为金牛品牌，维持原来的资金投入30万元，以保证市场占有率和公司的主要利润来源。同时，认识到A、B品牌已经出现了衰退现象，要认真找出原因，一方面寻找替代品牌，一方面尽可能地延长其生命周期。

（2）确认C、D品牌为明星品牌，虽然目前不是公司的主要利润来源，但发展潜力很大，决定加大资金投放力度，加快发展步伐，扩大与竞争对手的差距，力争成为公司新的利润增长点。决定先期投入资金10万元。

（3）对F、G品牌果断采取撤退战略，不再投入资金，着手清理库存，对滞销商品降价处理，尽快回笼资金。

（4）对E品牌投入研究力量，寻找竞争对手的薄弱方面，整合资源，争取扩大市场份额，使其成为明星品牌，决定投入资金5万元。余下5万元作为机动资金，以便在特殊情况下对某品牌侧重支持。

第四节 其他解决问题的工具

一、6S循环图法

6S循环图法用六个步骤帮助人们完成解决问题的全程并实现循环进阶。

这六个步骤分别是：第一步，界定问题；第二步，干预问题；第三步，确认原因；第四步，寻找对策；第五步，实施行动；第六步，跟踪验证。

所有步骤的推进是一个不断循环的过程，从第一步到第四步是在循序渐进地找到问题最后解决问题，第五步实施目标，前面四步和第六步是为第五步提供可操作的保证。

【案例十一】

领导安排小刘和小李去拓展部一个星期找寻准客户，每天的业绩量是3个准客户。每天小刘的业绩都是0，小李每天都有业绩，但小刘认为自己努力了，做得很好。领导验收成果时，小刘的业绩离目标差距很大，执行偏差太大，工作效果明显不好。

这种情况下，领导就可以运用6S循环图法寻找产生执行偏差问题的根本原因，进而确定对策。因此，可以从以下六个步骤着手。

第一步，界定问题。领导指出小刘执行存在偏差的问题。

第二步，干预问题。针对小刘没有按时按量完成工作的情况进行指导。

比如，推销话术培训；宣传资料准备完整；对小刘进行心理素质培训。

第三步，确认原因。针对小刘执行偏差问题，进一步确认原因。

是因为小刘对宣传的理解有误，还是小刘对公司的决策存在疑惑？是没有有效的推销工作反馈机制，还是小刘对自己不满或者推销过程中怕被拒绝？通过逐步分析，最终发现是小刘对宣传话术不熟练，怕被拒绝。

第四步，寻找对策。找到原因后，领导开始对小刘进行专门的话术培训。同时，和他商量，建立了双方及时有效的工作反馈机制，及时沟通。

第五步，实施行动。领导制订了每天的信息反馈表，包括员工姓名、日期、工作任务完成情况、执行疑问。信息反馈表指定了接收方式，小刘可通过邮箱、短信、OA办公系统反馈给领导。

第六步，跟踪验证。小刘通过反馈表将当天所做的工作情况反馈给领导，领导每天跟踪小刘的执行情况。如果小刘执行中出现偏差，领导及时通过口头、短信、邮件、OA办公系统告知小刘，避免再次出现执行偏差。

领导运用6S循环图法对小刘进行工作指导以及心理建设，小刘的业绩果然有了很大的提升，拓客数量从0到每天3个准客户，拓客数量稳步上升。

二、思维导图法

思维导图是一种思考模型，在确定好中心点后，通过发散思维将中心点拆解成多个范围较小的问题，运用思维导图的过程就是定义和拆解问题的过程，每一个新的层级都是在回答上一个层级提出的问题。同时，由于每一个拆解出来的分支在思维导图上是独立存在的，所以在思考分支问题的时候思路不会互相干扰。正因为这个特性，当灵感突然出现的时候，要瞬间将它捕捉住并且将它记录在相应的分支上。

用思维导图法解决问题只需要四步。

第一步：明确问题，即确认中心点。

第二步：具体分析，即拆解问题并分解问题成二级分支。

第三步：解决方案，即试着去回答被拆解的问题。

第四步：行动，确定一个解决方案执行。

在反复循环的过程中不断进行发散思考，直到找到解决问题的思路或方法。这也是一种有效的解决问题的方法，即将一个大问题拆解成若干个小问题，当这些小问题还是无法解决的时候，就继续拆解成若干个更小的问题，直到这些问题能解决为止。这样，我们就会觉得压力没那么大，而且执行力也会相应地提高。

【案例十二】

因为员工积极性不高，现在项目延期了，如何去解决这个问题？

第一步：明确问题。

要解决问题，第一个步骤是要明确问题。遇到一个问题时，我们要改变直接去找答案的习惯，养成先对这个问题进行分析，搞清楚要解决的是什么。

看到这个问题，很多人会找解决员工积极性不高的方案，但其实仔细来看，这个问题最终是要解决的是项目延期问题，员工积极性不高只能算是其中一个原因。只解决员工积极性，项目延期问题仍然解决不了。

明确了最终要解决的问题，思维导图的中心主题也就确定了，中心主题就是“项目延期”。

第二步：具体分析。

明确了问题，接下来就是把所有可能引起这个问题的原因全部都列出来。引起项目延期的原因，除了刚才说到的员工积极性不高外，还可能有别的原因，比如遇到突发事件、人员请假、资金不到位等。先不要管正确与否，全部都列出来，如图 4–4 所示。

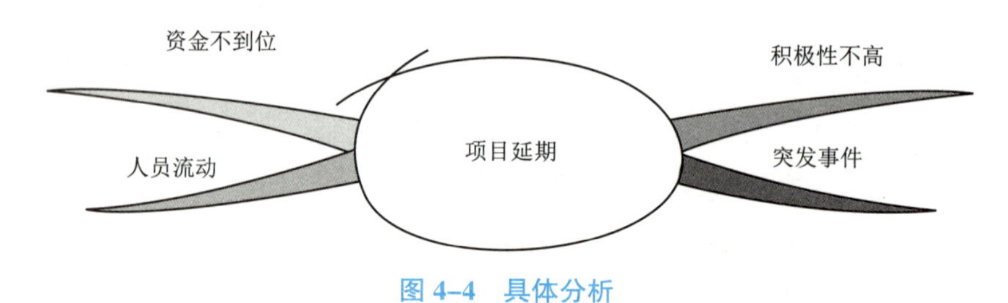

图 4–4　具体分析

每个原因后还可以继续细化，引起员工积极性不高的具体原因有什么？可能是工作太累了、对产品没有信心、付出没有得到对应的回报，把这些也全部列出来，如图 4–5 所示。

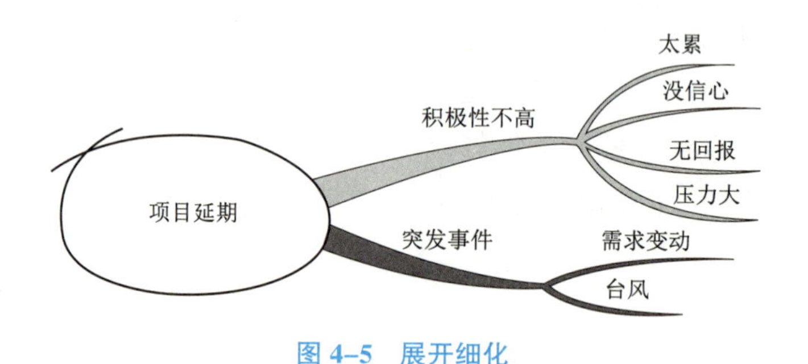

图 4–5　展开细化

第三步：解决方案。

列出了所有可能的原因，接下来是针对每个原因提出解决方案。

员工积极性不高，是不是真的工作太累？现状确实是已经连续工作两周以上了，中间没有任何休息，而且还经常加班。现状存在的，就需要给出解决方案，如图 4–6 所示。

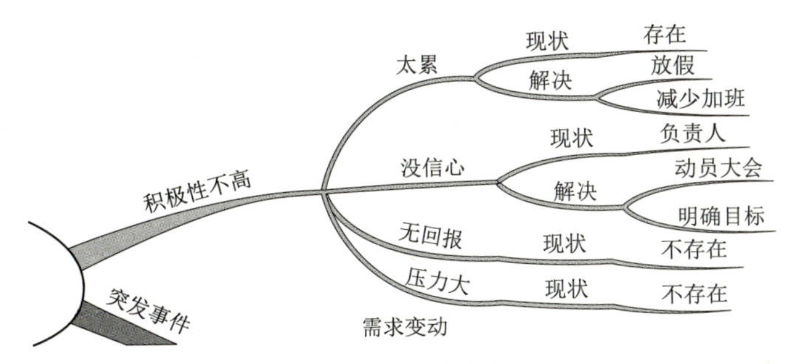

图 4-6　解决方案

解决方案可以集体放一天假，或者减少加班，让员工得到充分的休息。

“对产品没有信心”这个现状是否存在。通过调查，员工其实只是按任务来执行，关心的是能否按时将任务完成，最终项目能给公司带来多大收益其实并不是很关心，真正关心的是项目负责人。现状不存在的，也就不需要给出解决方案了。

第四步：行动。

引起问题的原因这么多，给出的解决方案也很多，要先从哪个做起？要解决员工积极性不高的问题，第一步是先给员工放假，接着是减少加班，接下来是给项目负责人开动员大会。明确了步骤，也就知道该怎么去执行了。

每执行完一步，再回过头来看看效果。有效果说明解决方案是可行的，没效果还需要继续分析，这样问题才能真正解决。

本章小结

本章主要讲解了如何使用 5W2H 法、PDCA 循环法、波士顿矩阵分析法、6S 循环图法、思维导图法等工具去解决问题。5W2H 法主要用在做一件事情之前的思考和解决临时接到的一项任务。PDCA 循环法可有效进行任何一项工作。波士顿矩阵分析法可以更好地进行优化组合。6S 循环图法从 6 个部分入手，帮助人们完成全程并实现循环进阶。运用思维导图的过程，就是定义和拆解问题的过程。

第五章　持续改善

素材三

持续改善（Kaizen）最初是一个管理概念，指逐渐、连续地增加改善，是日本持续改进之父今井正明在《改善——日本企业成功的关键》一书中提出的。持续改善意味着改进，涉及每一个人、每一环节连续不断的改进：从最高的管理部门、管理人员到工人。持续改善的策略是日本企业管理部门中最重要的理念，是企业竞争成功的关键。持续改善实际上也是生活方式的哲学，它假设应当经常改进我们生活的每个方面。

持续改善的关键因素是：质量、所有雇员的努力、介入、自愿改变和沟通。

持续改善被作为系统层面的一部分来应用并进行改进，通过流动和拉式系统来改进交货时间、流程的灵活性和对顾客的响应速度，改善活动，从头到尾地改进公司的进程。

第一节　持续改善概述

一、持续改善的基础理念

1. 持续改善和企业领导

就持续改善来说，企业领导有两个基本功能：保持和改善。保持包括了所有保证现在的技术以及与企业工作有关的标准的活动，也包含培训和纪律。保持的功能要求企业领导努力使企业内的每个人都按照标准的流程来工作。完善则是对现有标准的改进和提高。持续改善侧重于通过不断的努力取得连续不断的小步的改善，从而达到目的。日本企业界认为企业领导应遵循这样一个原则：标准的保持以及改善，如图 5-1 所示。

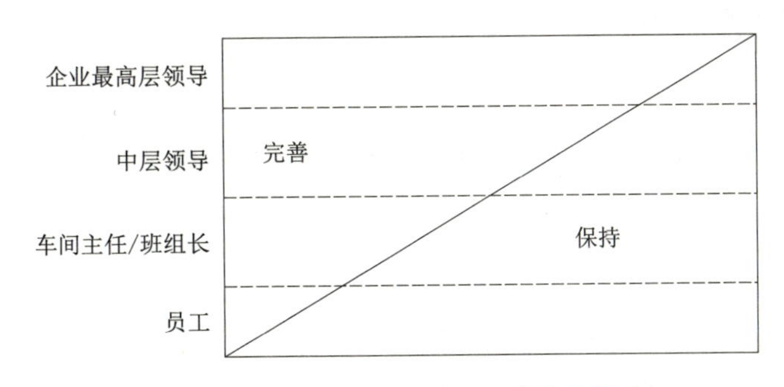

图 5-1 日本企业员工对工作功能的看法

持续改善也是革新、改造。持续改善侧重于通过不断的努力取得连续不断的小步的改善，从而达到目的；而革新则强调通过新技术、工艺或设备的大量投资来取得巨大的进步。在缺乏资金的情况下，革新改造是很困难的。西方企业往往只着重革新而忽视持续改善能给企业带来的巨大的好处，西方企业员工对工作功能的看法如图 5–2 所示。持续改善强调员工的职业道德、工作交流、培训、小组活动、参与意识和工作自律性，它是一种低投入而又非常高效的，使企业不断完善和进步。

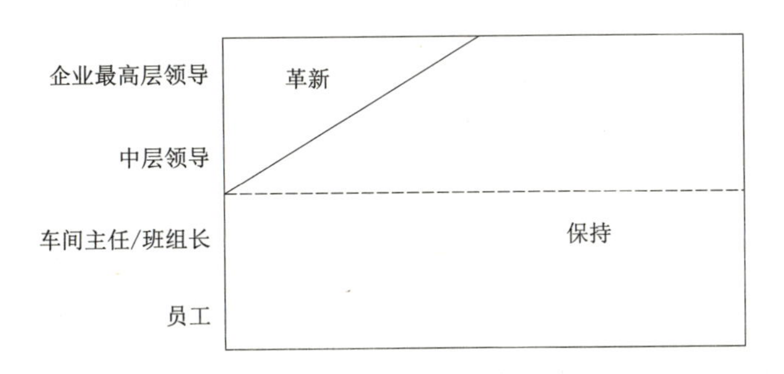

图 5-2 西方企业员工对工作功能的看法

2. 过程和结果

持续改善强调以过程为主的思考方式，只有通过对过程的改善才能得到更好的结果。如果原计划的结果没有实现，那么肯定是某个过程出了问题，这时就要找出产生问题的过程并予以纠正。持续改善强调人在过程中的作用，这一点与西方企业界强调结果的思考方式有显著区别。导入持续改善的过程也需要以过程为主的思考方式，比如一些持续改善战略，如PDCA/SDCA循环、QCD（质量、成本、交货期）、TQM（全面质量管理）、TPM（全员生产维修）以及JIT（准时生产体制），在不注重过程的企业内实施都会失灵。所以，企业领导支持并参与实施持续改善的过程中，是持续改善活动取得成功的组织保证。

3. 遵照PDCA/SDCA循环

为了保证持续改善的导入能够成功，首先要引入PDCA循环。计划（Plan）就是为了达到改善的目标而制定目标或行动计划。因为持续改善是动态的不断完善的过程，所以目标也应不断更新。做（Do）就是按计划执行工作。检查（Check）就是检验工作是否按计划执行，并朝所预定的方向发展。调整（Adjust）就是指通过对新的工作步骤的标准化来避免原问题的重复发生，并为下一步的改善制定目标。

任何一个工作过程开始的时候都是不稳定的，必须要先将这种变化的过程稳定下来，然后才可以引入PDCA循环。这时可先采用SDCA循环（Standardization-Do-Check-Adapt）。SDCA循环的作用是将现有的过程标准化并稳定下来，而PDCA循环的作用是改善这些过程；SDCA重在保持，PDCA重在完善。只有当已有标准存在并被遵守并且现有的过程也稳定的情况下，才可以进入PDCA循环。

4. 质量优先

质量、成本、交货期这三个企业目标中，质量应永远享有优先权。即使向客户提供的价格和交货条件再诱人，如果企业产品质量有缺陷，也不会在竞争激烈的市场上站稳脚跟。

5. 以数据说话

持续改善就是解决问题的过程。要想弄清一个问题的本质并彻底解决它，首先要收集和分析相关数据。任何没有数据分析的基础而凭感觉或猜测去解决问题的尝试都不是客观的，对有关问题现有状况数据的收集、检查和分析是找出解决办法和进一步完善的基础。

6. 视下一道工序为客户

每件工作都是由一系列的过程组成的，而每个过程都有它的供货商及客户。“下一道工序就是客户”这句话表明了两种客户类型的存在：内部客户（企业内）和外部客户（市场上）。

大部分的企业员工只与内部客户有关系，这种事实也要求员工绝不要将有缺陷的工件或信息传递给下一道工序的员工。如果每个员工都遵守这个规则，那么市场上的最终客户就会得到高质量的产品或服务。一个真正有效的质量保证体系也就意味着企业的每个员工都有此义务，并认真遵守这一规则。

二、用可视化管理手段辅助持续改善活动

可视化管理的目的就是，借助图形、表格和绩效数据使企业领导和员工明白和熟悉用来达到 QCD（质量、成本、交货期）控制目标的各要素——从企业的整体战略一直到生产数据以及最新的合理化建议。

引入可视化管理的理由包括以下两点。

（1）将问题暴露出来，帮助员工及企业领导，使其一直与现实保持联系以便将问题暴露出来。可视化管理的最基本的原则就是将问题暴露在聚光灯下。

可视化管理的五个要素（5M）：人（Man）、设备（Machine）、原材料（Material）、方法（Method）、测量（Measurement）。

可视化管理中的有力工具（5S）：整顿（Seiri）、整理（Seiton）、清洁（Seiso）、检查（Seiketsu）和素养（Shitsuke）。

把标准张贴在现场，现场中的所有墙壁都可以被当作可视化管理的工具。为了使大家明白 QCD（质量、成本、交货期）的最新情况，应在墙壁上或工位上公布最新的如下信息。

① 质量：关于废品率、趋势以及目标图表等的日、周、月报。典型事故应公之于众，以达到教育大家的目的。

② 成本：产能、趋势以及目标。

③ 工效：比如单位产品所耗工时。

④ 每日产量。

⑤ 设备停机时间、趋势以及目标。

⑥ 设备整体效率。

⑦ 合理化建议的数量。

⑧ 质量小组的活动情况等。

（2）制定目标。可视化管理的能将不断改进、完善的目标可视化，制定目标的作用之一就是激励员工。

可视化管理有助于鉴别现实和目标之间存在的问题及偏差。它是一种既能使工艺过程保持稳定又能使其不断完善的工具。可视化管理是一种极其有效的激励员工的手段，在员工们努力实现企业目标的同时也记录下了他们在其中发挥的作用。

第二节　金字塔原理，架构逻辑思维

金字塔结构的呈现方法是先有系统地区分现有信息，归纳出各种关系，接着从中挑出和问题有关的部分，查明重点、确认原因，再针对这些原因拟定对应对策，进而有效地解决问题。呈现会是一个以结论为顶点，由支持结论的方法或证据层层堆积而成的金字塔型，为有效的沟通工具。在问题地不停出现与解决中，既可见树又可见林，是持续改善中不可或缺的工具、手法。

能否清楚陈述当下情势与因应之道，将决定顾问表现的优劣。在麦肯锡，训练员工的第一堂课正是逻辑思考。所谓的有逻辑，是指根据和结论之间有着明确的脉络关联，而非凭空地将两者硬凑在一起。而逻辑思考即是针对问题（主题）提出有效答案（论述）的过程，方法是先系统地区分现有信息，归纳出各种关系，接着从中挑出和问题有关的部分，查明重点、确认原因，再针对这些原因拟定因应对策，进而有效地解决问题。

一、金字塔原理

一个符合逻辑的答案，必定要提出结论、方法和根据，并分别回答“该怎么做才能解决问题”“要达到的话，有哪些方法可行”“有什么根据证明这些方法真的有效”这三个问题。如此，逻辑架构才能确立，所提出的说法也才足以让人信服。

这个逻辑结构，正是麦肯锡最知名的逻辑思考术——金字塔原理的基本内容。若以图表呈现，会是一个以结论为顶点，由支持结论的方法或证据层层堆建而成的金字塔型，如图 5-3 所示。金字塔结构的呈现是有效的沟通工具。其益处包括自上而下的沟通，使听众能很容易地抓住主题；便于根据听众的时间和需要进行调整；能够进行对照，检验分析归纳的逻辑性。

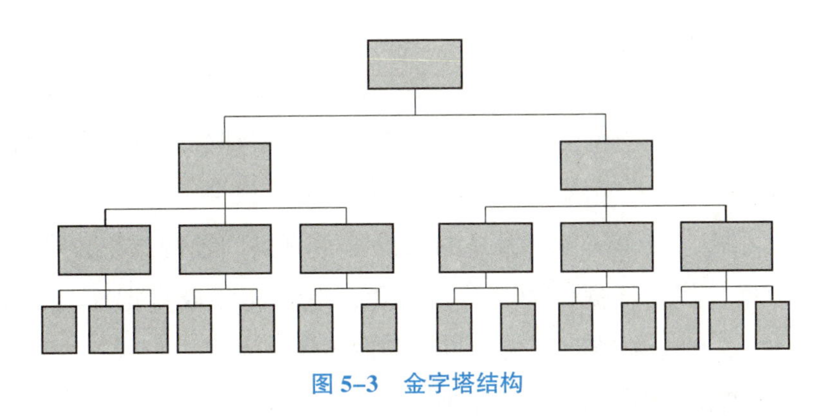

图 5-3　金字塔结构

在金字塔结构中，用以阐明结论和证据之间的纵向关系的称为“So What ?/Why So ? ”原则；而确保诸多证据或方法已涵盖所有问题范围的横向关系的则称为 MECE 原则。

二、三要件，建立逻辑架构

总结上述，构成逻辑架构有三大要件：对应问题解决的结论、阐明结论与证据之间关系的“So What ?/Why So ? ”原则，以及确保论证已涵盖整个问题范围的 MECE 原则。

1. 结论

在逻辑架构中，结论就是对应问题所提出的答案。很多人都认为这是再简单不过的事，但麦肯锡出身的管理大师大前研一在《思考的技术》一书中提醒，看到问题后直觉得出的想法只是假设而非结论，“不要把假设和结论混为一谈”。

以日本和服业为例，市场规模逐年缩小，加上少子化的趋势，前景更不看好。若以“这是个衰退产业，成长率明显钝化”为由，建议业者应节制包含新产品开发在内的各种投资，看似合情合理。

但大前研一指出，“这是个衰退产业”只是假设而非结论。唯有先证明和服业正在衰退，才能确定节省开支是正确的做法。然而，企业经营者往往把看似应该如此的假设直接当结论，于是就在认为已经得到结论的安心状态下，忽略了从搜集证据、印证假设到导出真正结论过程中的逻辑思考。

同样的问题，当大前研一试着从不同的角度拆解，便又得出了不同的可能性：和服市场虽已衰退，但仔细研究数据却会发现年轻女性的夏季浴衣市场仍有成长，表示开发年轻市场仍大有机会。

由此可见，要确认自以为是的假设是否真是问题的结论，必须先仔细验证数据，找出证据作为支持，避免以既定印象或直觉反应下结论。而这道功夫，则必须借助于以下两个逻辑要件来完成。

2. “So What ?/Why So ？”原则

“So What ?/Why So ？”是金字塔原理中用来检视结论与证据之间是否存在因果关系的原则。“So What ？”意指这些东西代表什么，检视证据能否支持这样的结论。“Why So ？”则表示为什么会这样，确认结论是否真能由证据导出。

在《思考的技术》一书中，曾任麦肯锡沟通专员的两位作者照屋华子和冈田惠子又根据结论与证据之间关系属性的不同，将“So What ?/Why So ？”区分为观察型和洞察型两类。

“观察型 So What ?/Why So ？”就是阐述自己的观察结果，说明此结论包含了哪些既有现象与事实重点。

例如，当被询问一间小学包含哪些成员时，你会想校园内可以看到各年级学生、专科任老师，以及各处室人员等，所以你回答（结论）：学校成员包含了学生、教师与职员。

“洞察型 So What ?/Why So ？”则是在观察既有事实或现象之余，再深入分析，从中找出共通的事项或机制。

例如，在被问到当今的景气如何时，你广泛地收集资料，观察到失业人数增加、消费者购买力下滑、出口严重衰退、物价上涨等现象，于是由这些证据归结出当前景气不佳的结论。

3. MECE 原则

如何从庞杂的数据中区分出有用的信息，确保自己所提出的论据足以涵盖且回答整个问题，是建立逻辑的关键。而 MECE 原则正是金字塔原理中以系统的方式为原始数据分门别类的技术。

MECE 为 Mutually Exclusive Collectively Exhaustive 的缩写，意思是“互不重复，全无遗漏”，也就是在对与问题相关的各种信息进行分类时，做到各部分之间互不重复、各部分加总的整体全无遗漏。

在思考会对问题产生影响的关键因素或是提出解决问题的方法和证据时，各个观点不会相互重叠与抵触，就是互不重复；对问题有周延的检视，不至于有疏漏，便是全无遗漏。通过将整体有系统地区分为彼此互斥、整体穷尽的几个部分，将可避开挂一漏万、以偏盖全的盲点。

三、三步骤，做好 MECE

为数据分类，听来简单，要做好却不容易。《思考的技术》一书提出了落实 MECE 的 3 个步骤。

步骤 1：确认问题是什么。

明确辨识当下有什么问题、要达成什么目的，才能着手收集所需资料，不至于漫无目标地东挑西拣，导致得到的都是对问题分析与解决毫无用处的信息。

如果始终想不出明确的切入点，可先思考一个母体所呈现的特征，再找出与其相对的概念，毕竟“A”与“A之外”这种分类，永远符合MECE。再不然，先列举出所有想得到的母体特征，再将这些特征进行归纳分类，但是这个方法非常容易发生遗漏，使用时务必小心。

步骤2：从大分类中思考能否以MECE再细分。

有时候，虽然已完成数据分类，但可能切得太宽松，导致无法从中得到有意义的信息。例如，企业在分析客户数据时，男女的分类固然可完整区分所有顾客名单，却对营销帮助不大，还必须依据年龄、职业、收入、居住地等变量进行细分，才能对数据分析产生意义。

步骤3：确认有无遗漏，或是否有同一项目可分属不同类别。

最后则必须审视分类的切入点是否合宜，也就是有没有哪些数据可被归属到多个分类，或是有数据根本找不到归属。当然，必要时也可用“其他”来涵括所有找不到分类归属的数据，但绝对不要滥用这个做法。

通过上述3个步骤，为繁杂的数据建立逻辑架构，进而拆解问题并找寻答案的方法，概念上并不难，但要活用却不容易。尤其是要找出既符合MECE原则又具有实用意义的问题切入点，更必须透过广泛检视与深入思考才能达成。

第三节　将思考可视化

数据可视化（Data Visualization）是指运用视觉的方式呈现数据，有效的图表可以将繁杂的数据简化成易于吸收的内容。通过图像化的方式，更容易辨别数据的规律、趋势及关联。

最早的数据可视化溯及17世纪人们绘制地图时，在18世纪初，人类发明了圆饼图。资料可视化时时刻刻出现在我们的生活中，如媒体报道、学术报告、公共交通指示等。

一、数据可视化的原因

数据驱动了决策。在信息爆炸的时代，有效并快速吸收信息是人们渴望的能力，不仅节省时间，并能加速学习效率。研究指出，人类大脑吸收图像的速度是文字的 60 000 倍；90% 的信息是通过视觉传达到大脑的；人类能吸收 80% 的图像，但只能吸收 20% 的文字；有图像的网站比只有文字内容的网站多了 94% 的浏览率。

二、数据可视化的步骤

如何有效地传达信息，制作整齐美观的图表？接下来的设计流程，大家可以参考。

1. 了解目的，选择有效图表

将常见的图表归纳为四种目的：比较、分布、组成及关系。依照使用用途及目的，选择正确的图表，可以清楚传达信息。

2. 编排数据

编排数据的目的是让读者能够更易吸收信息。柱状图常见的排版有两种：按照字母和数据大小编排。圆饼图则是按顺时针或是逆时针，按比例从大到小编排。

这些原则看似简单，却容易忽略。若是在设计时提醒自己注意这些小细节，不仅在视觉上更为清晰，同时也能提升自己的设计能力。

3. 移除不必要元素

在设计时，尽可能用最少的元素呈现完整的信息。递交最终版本前，可再三确认是否需要这些元素：背景网格线、标签、颜色、渐层色、阴影。

4. 尝试不同变化（进阶版）

最后一步可以在视觉上尝试不同的变化，包含颜色、质地与图标，增添画面的趣味与和谐。

三、两个问题

说到信息可视化，你可能会冲动地马上选定一种图表类型，按个键就把它做出来了。但你应该要压制这种冲动，先思考一些问题，让稍后的工作更容易些。

进行可视化思考的好方法是，问自己关于视觉图标性质和目的的两个问题：第一，这是属于概念还是数据的信息？第二，我是要陈述还是探索某件事情？概念和数据的区别如表 5–1 所示。

表 5–1 概念和数据的区别

	概念	数据
重点	观点	统计资料
目标	简化、教导，比如“这是组织成立的基础”	告知、阐明，比如“这是我们过去两年的应收”

一般来说，如果知道这两个问题的答案，就可以规划需要什么资源和工具，开始拟定最后可能采用的视觉图标类型。

两个问题中，第一个是比较简单的，其答案非常明显。看你是要把概念和说明类型的信息可视化，还是要将数据信息制作成图表。但注意，这个问题涉及的是信息本身，而非最终可能呈现信息的形式。

在本书前面章节所阐述的不论是问题的解决还是制定对策所用到的概念或数据信息，在企业的运用中也都会把概念和说明类型的信息可视化，也普遍将数据信息制作成图表。通过图像，我们更容易辨别数据的规律、趋势及关联并将其作为决策的重要辅助工具。

四、问题分析与解决步骤常用的可视化工具

以下将从界定问题、分析问题、解决问题与确认效果四个阶段，分别介绍在学习或在工作中常用的工具与手法。

1. 界定问题

（1）问题是什么？

简言之，当现状与标准（目标 / 期望）产生差异时，即遇到了问题。

（2）问题意识。

对察觉到问题，需有以下认知，可用思维导图表示。针对现状与目标的差异，有必要加以清除或解决。没有目标就没有办法厘清问题。靠问题意识提升对问题的敏锐觉察能力。

（3）问题思考逻辑。

针对已经发生的问题，我们可以量化现状，称为量化事实。以量化的事实为基础来找出发生问题的原因，再针对原因做出对策。

未发生的问题比较难取得量化数据，所以要不断地激发出想法，进而找出最佳的解决方案，因此是以创意为依归的解决方式，如图 5–4 所示。

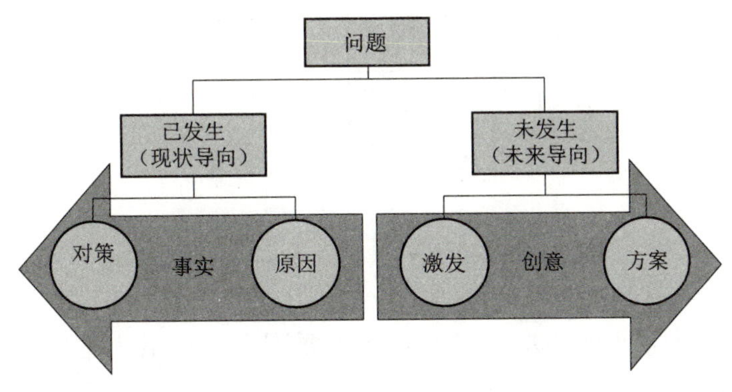

图 5–4　问题思考逻辑

（4）问题的结构。

问题结构如同冰山，由现象、一次因（近因）、N 次因（根因）组合而成。冰山是经过长久的时间由下而上累积而成。针对现象和一次因的分析是初步的问题分析，针对二次因以上的分析则是底部的问题分析，如图 5–5 所示。

5Why 分析法在企业里的应用也常以逻辑树图展现，如图 5–6 所示。

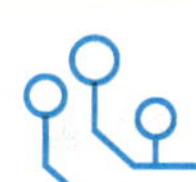

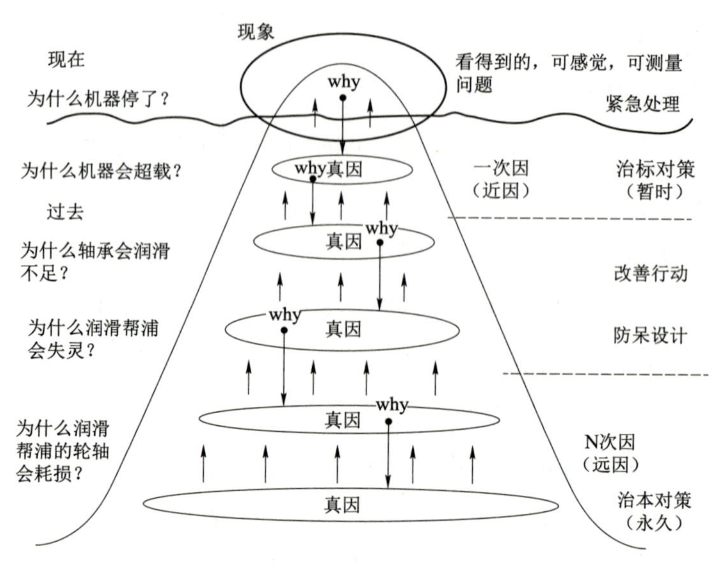

图 5-5　问题结构

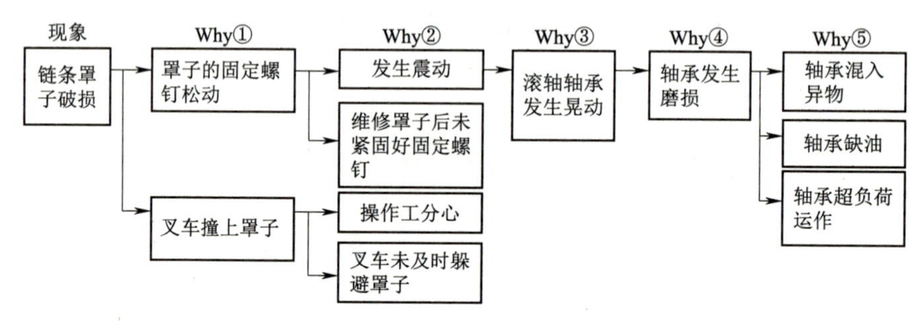

图 5-6　5Why 逻辑树图应用

（5）须根据事实或数据说明。

搜集问题构成要素并分清主要和次要因素。以下为常用于界定问题和工具与手法。

① 查检表。利用简单标准化表格，填入一连串验核项目，能快速且简单地搜集资料，如表 5-2 和表 5-3 所示。

表 5-2　查检表范例一：打字员的打字错误

错误	员工			统计
	1	2	3	
中心位置	2	3	3	8
拼字	7	11	5	23
标点	15	10	15	40

续表

错误	员工			统计
	1	2	3	
整段遗漏	2	1	1	4
数字错误	3	4	3	10
页数错误	1	1	2	4
表格	4	5	4	13
汇总	34	35	33	102

表 5-3　查检表范例二：复印问题

张

问题	日期						合计
	3 月 1 日	3 月 2 日	3 月 3 日	3 月 4 日	3 月 5 日	3 月 6 日	
太浓	4	5	6	5	8	1	29
太淡	10	8	7	3	5	3	36
污染	8	2	2	3		2	17
模糊	1	1	1	2	3	1	9
有黑线	1	3					4
用纸破损			1	3	1		5
用纸皱纹	3	4	1	1	1	1	11
尺寸失误	4	1	1	1			7
其他			3	1	2		6
合计	31	24	22	19	20	8	124

② 散布图。散布图是用来描述两因子（变量）之间关系的图形，探讨其相关性，如图 5-7 所示。表 5-4 为变量间可能的相关性程度。

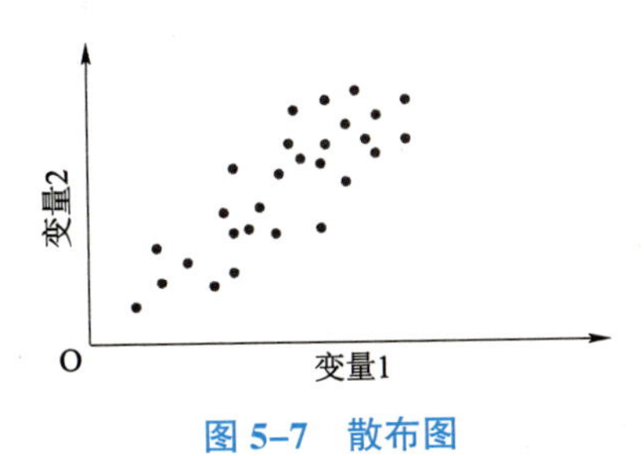

图 5-7　散布图

表 5-4 变量间可能的相关性程度

图形	相关性程度	说明
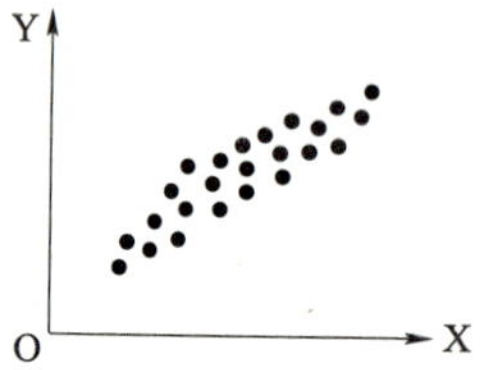	正相关	X 值增加时，Y 值也随之增加；如果控制 X 值，Y 值也随之被控制，如身高与体重、训练与绩效等
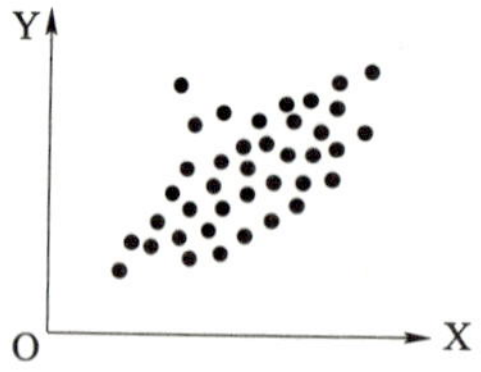	可能为正相关	X 值增加时，Y 值也随之略为增加，Y 可能有除了 X 之外的其他影响因子
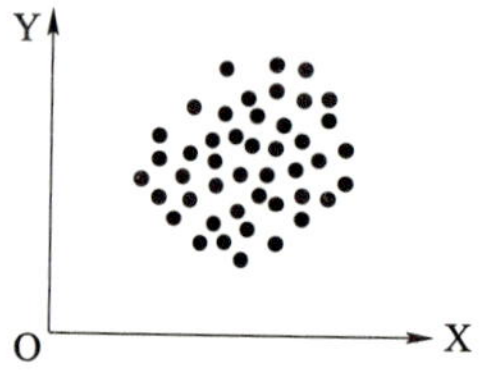	不相关	X 与 Y 没有线性相关性
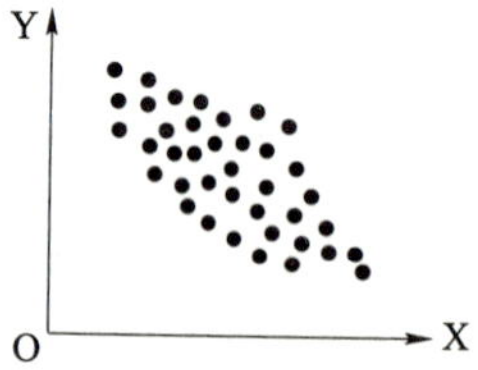	可能为负相关	X 值增加可能会导致 Y 值呈现减少的趋势，如品质和顾客投诉量等
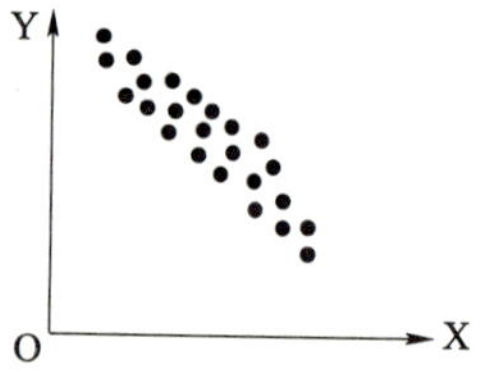	负相关	X 值增加会导致 Y 值减少，因此，可用控制 X 来取代控制 Y，例如，当 Y 不容易测量和 X 便于测量时

③ 直方图。直方图是展示数据频数的图形，用以协助确认过程的移动或改变，如图 5-8 所示。通常先用查检表收集数据，再用直方图展现，比较与规格或前批次的差异。

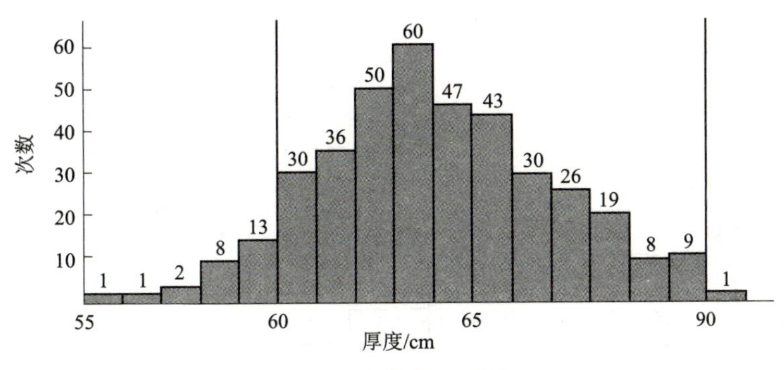

图 5-8 直方图示例

④ 帕累托图。帕累托图又称 ABC 图或重点分析图，是依递减方式安排的直方图，用以展示每一个小原因对问题的相对贡献；也是应用80/20 法则的图形，能凸显出重要的少数（20%）具有多数（80%）的效应。根据表 5-5 中数据形成的帕累托图如图 5-9 所示。

表 5-5 帕累托图分析数据

不良项目	不净数/瓶	不净率/%	累计不净率/%	影响度/%	累计影响度/%
A. 商标输送管道阻塞	9 984	0.65	0.65	32.34	32.34
B. 过滤水流流速慢	7 680	0.50	1.15	24.87	57.21
C. 商标过滤不全	6 140	0.40	1.55	19.90	77.11
D. 商标囤积槽内	4 912	0.32	1.87	15.92	93.03
E. 回收空瓶商标腐烂	1 232	0.08	1.95	3.98	97.01
F. 碱液浓度	608	0.04	1.99	1.99	99.00
G. 其他	304	0.02	2.01	1.00	100.00
合计	30 860	2.01		100.00	

注：总检查数为 1 536 000 瓶。

2. 分析问题

分析问题主要是根据问题与原因的现象、事实与数据，探讨其相互关系与潜在的真因，以下介绍几项常用于分析问题的工具与手法（5Why 法与逻辑树展现的应用前已介绍，在此不再赘述）。

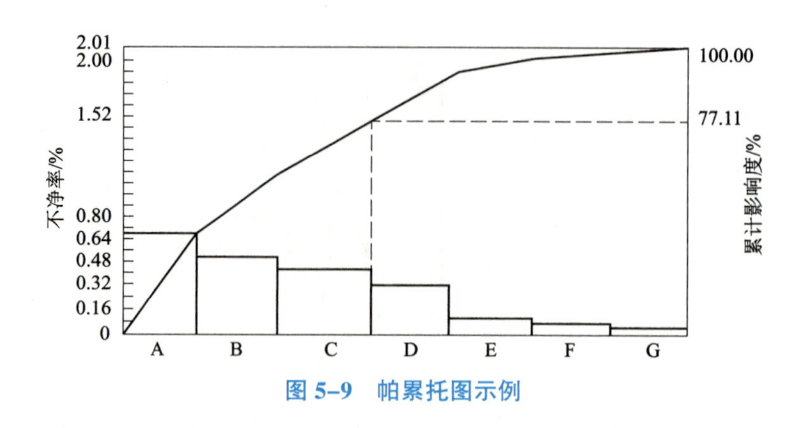

图 5-9　帕累托图示例

（1）特性要因图（鱼骨图）。

为了代表结果（特性）与原因（要因）间或期望的效果（特性）与对策间的关系，将思考的要因绘制成特性要因图（鱼骨图），数据、信息常来自团队的头脑风暴。图 5-10 至图 5-13 为依不同规划阶段或目的形成的特性要因图示。

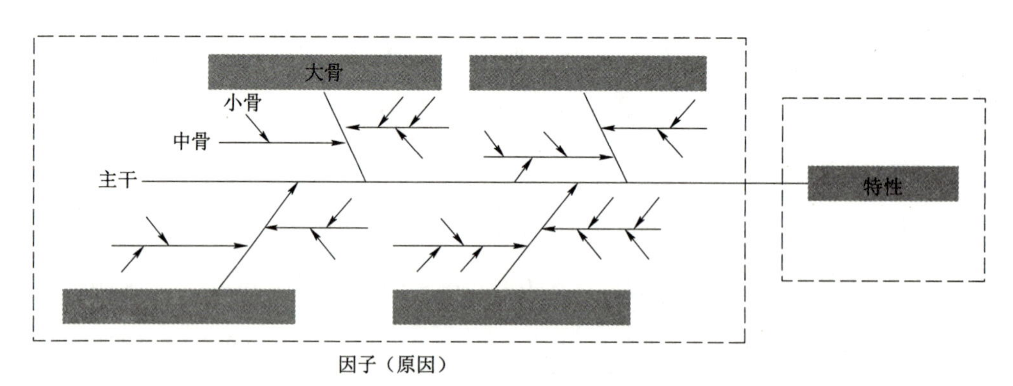

图 5-10　特性要因图结构示例

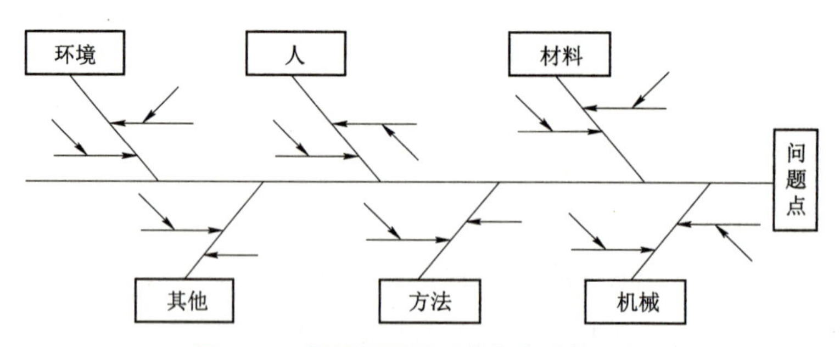

图 5-11　特性要因图要素归类结构示例

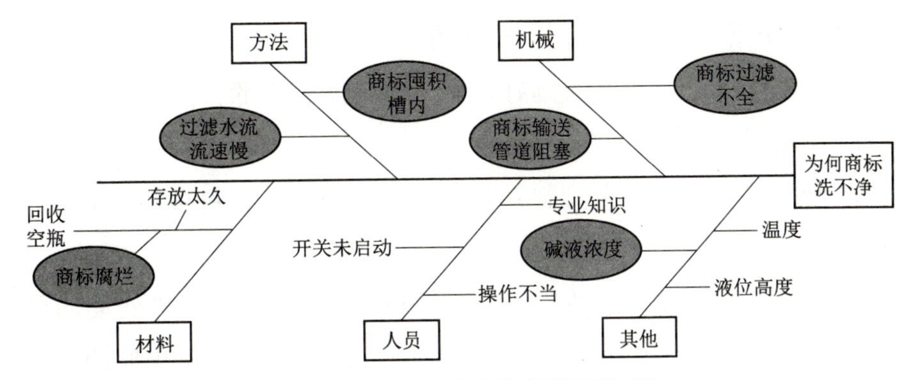

图 5-12　问题解决型特性要因图示例

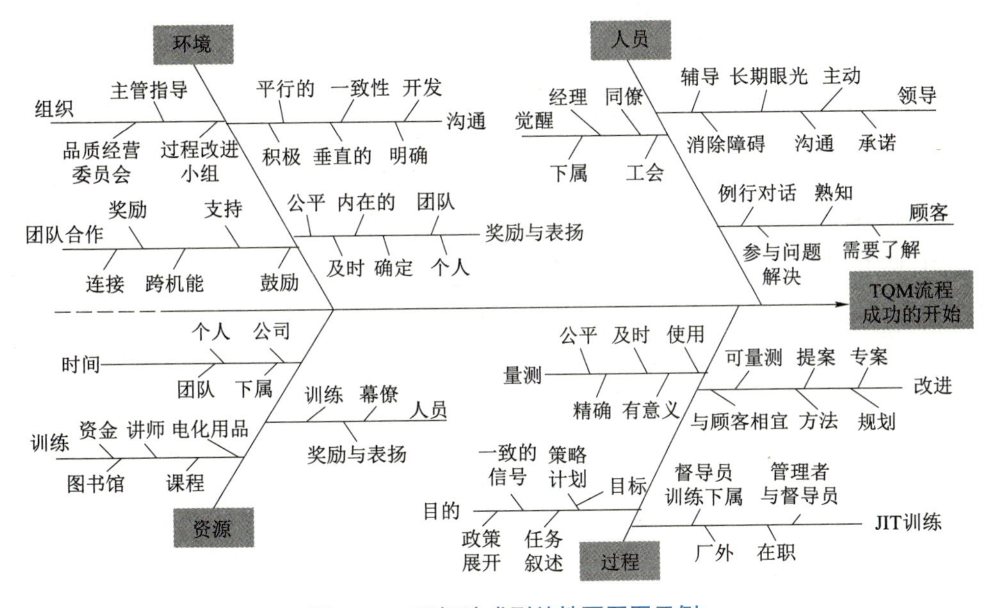

图 5-13　目标达成型特性要因图示例

（2）管制图。

管制图能够及时且正确地显示出制程产品质量变异时间、影响数量并容易调查质量变异的非机遇原因，故易于进行质量改善，去除质量变异的非机遇原因，使流程质量稳定。

① 管制图上的纵轴表示制品的质量特性，以制程变化的数据为分度；横轴为制品的群体号码，或制造年日月等，以时间顺序、制造顺序将点绘制在图上。

② 管制图上有中心线及上下管制界限或管制极限线，是利用以往制

程在稳定状况下所收集的数据计算而得。

③ 中心线及管制界限线画好之后，再把所收集的目前制程的各组数据的统计量以点的方式标在管制图上。

④ 利用这些点是否在管制界限内及其变动趋势来判断制程是否处于正常状态。

⑤ 管制界限可帮助我们了解质量特性值是否全在随机变动的可接受界限内，或者已超出管制界限。管制图可试着去区分所预期的正常变动及由于非预期改变所引起的变动之间的不同。管制图的应用示例如图 5–14 所示，管制图的分类如表 5–6 所示。

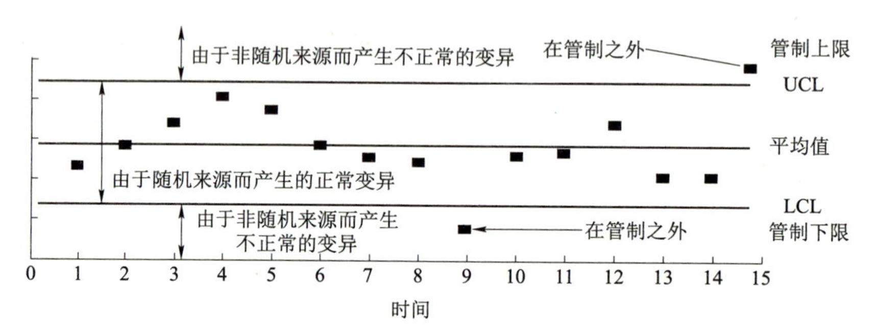

图 5–14　管制图的应用示例

表 5–6　管制图的种类

管制图名称	符号	数据的种类
平均值与范围管制图	x–R 管制图	计量值
中值与范围管制图	x–R 管制图	
个个数据管制图	X 管制图	
不良率管制图	p 管制图	计数值
不良个数管制图	pn 管制图	
缺点数管制图	c 管制图	
每单位缺点数管制图	u 管制图	

（3）层别法。

层别法广为运用，它有四项功能。

① 可区分出问题点是否由不同因素所造成；② 找出数据差异的因

素，进而对症下药；③ 针对不同层别对象分析其差异性；④ 分析出改善前后的差异。

常应用的层别对象包括：人的层别（组、班、作业员、技能、熟练度等）、机械工具的层别（机械号码、新旧、形式等）、原料和材料零件的层别（产地、供给者、前工程等）、作业条件的层别（作业方法、作业顺序、人工与机器、人工与自动等）、时间的层别（月份、日夜、星期、时刻、修理前后等）。

图 5–15 至图 5–17 为层别法应用于分析问题的示例。

在问题分析与解决的前两阶段，本节已介绍界定问题与分析问题可用的可视化工具、手法与图表，还可用简要流程图来归纳出问题的界定、分析过程的步骤中对应的可用工具与手法，如图 5–18 所示。

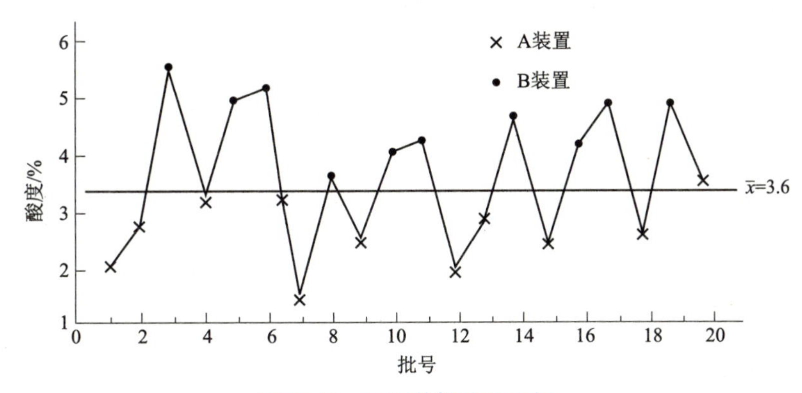

图 5–15　层别前推移图示例

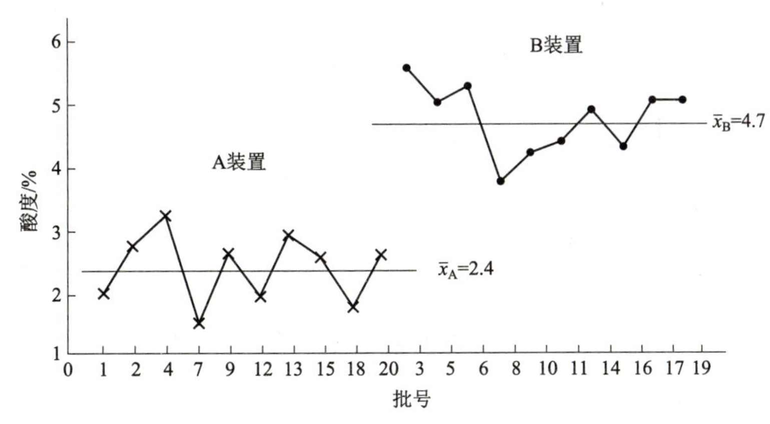

图 5–16　层别后推移图示例

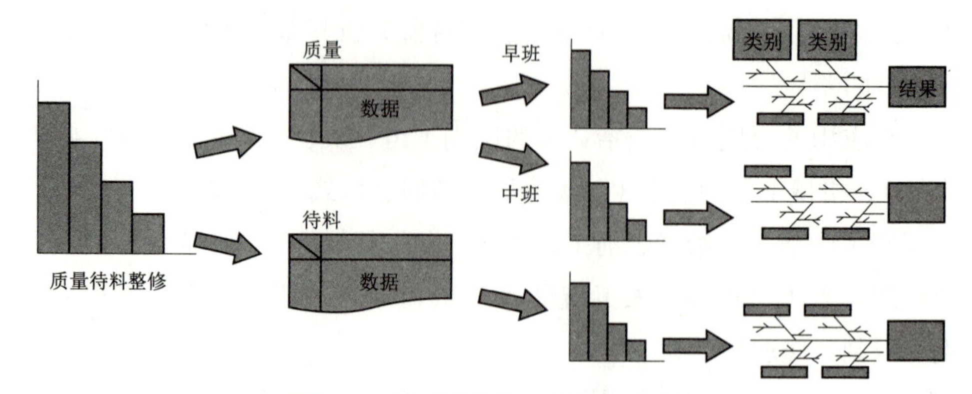

图 5–17　层别法应用于分析问题示例

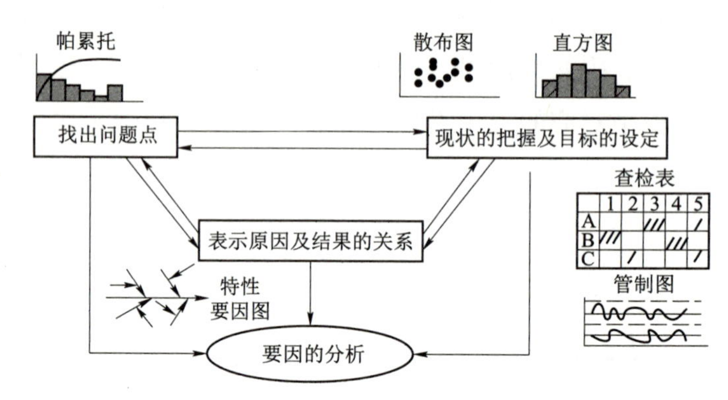

图 5–18　界定与分析问题步骤与对应的工具流程

3. 解决问题

在分析问题与确认要因、真因后，接下来就要拟定对策，进行改善行动。以下介绍几项常用于解决问题、制定决策的工具与手法。

（1）逻辑树。

逻辑树是从一个被界定的复杂问题到完整的、有内在系统化联系的一系列目的、目标、手段、方案的相关议题。一般可由团队从系统图开始规划、拟定，系统图分类的原则是周延，不遗漏；互斥，不重复。拟定系统图需回答三个问题。

问题一：为了达成目的目标，到底要有哪些必要的手段？

问题二：就此手段方策而转变成目的，那么为了达到这个目的，到底应该有哪些必要的手段？

问题三：此手段的总合或者是其中部分是否真正的能达成其上层次

的手段目的呢？

图 5–19 至图 5–22 为系统图与逻辑树的结构与应用示例。

目的
手段
目的
手段
目的
手段
问题2
问题2
问题2
问题1
目的·目标
手段·方案
问题3
问题3
问题3
问题3
目标的确认

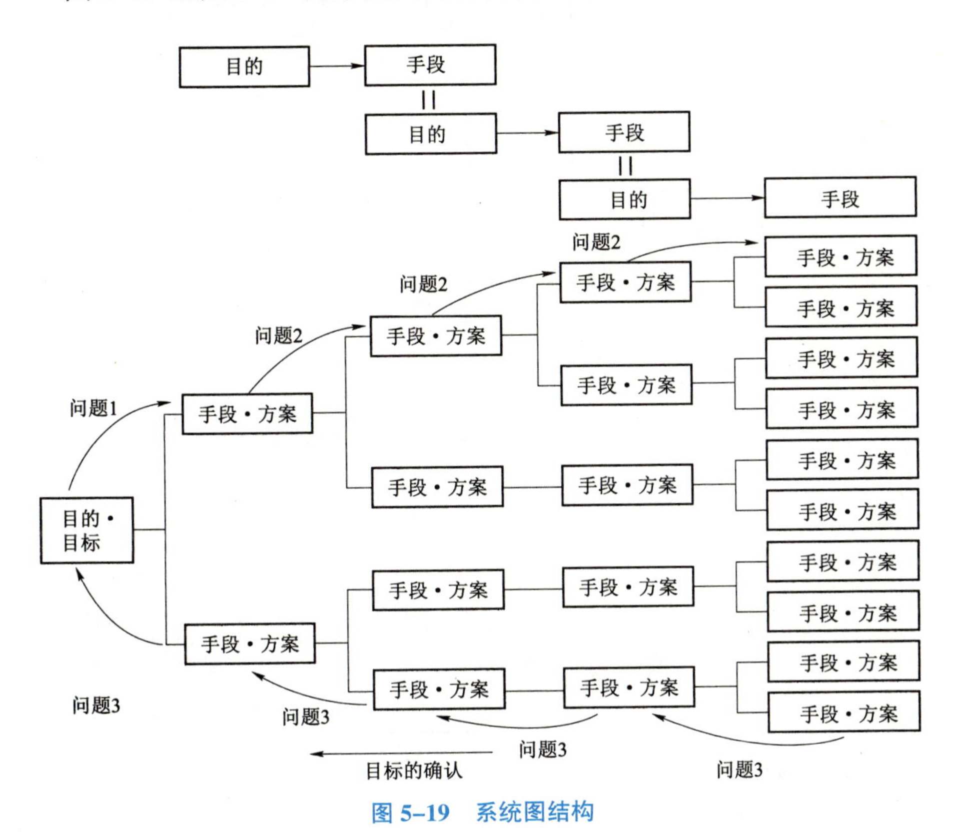

图 5–19　系统图结构

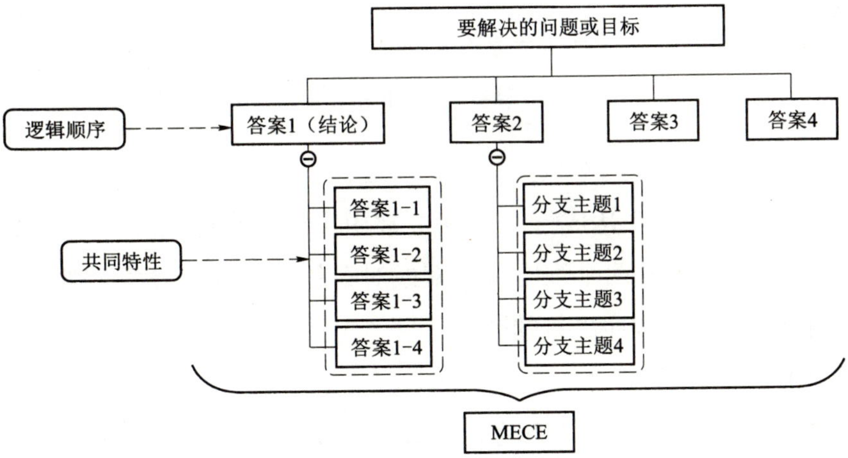

要解决的问题或目标
逻辑顺序
答案1（结论）
答案2
答案3
答案4
共同特性
答案1–1
答案1–2
答案1–3
答案1–4
分支主题1
分支主题2
分支主题3
分支主题4
MECE

图 5–20　逻辑树应用结构

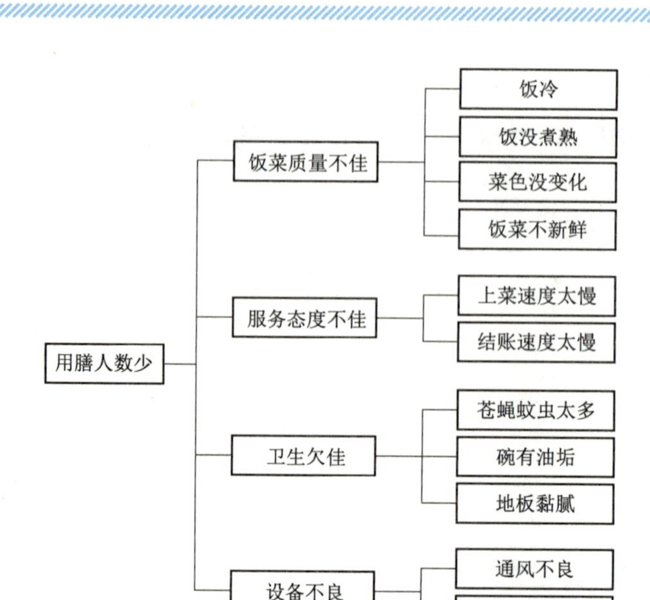

图 5-21　问题解决型逻辑树应用示例

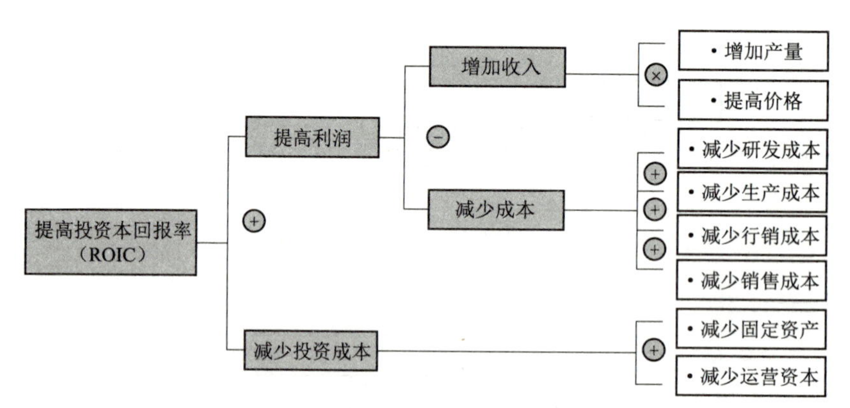

图 5-22　目标达成型逻辑树应用示例

（2）选择最适当的对策。

在解决问题或要达成行动目标上常用实行难易度(成本、资源、时间等)与可达成成效两个维度做方案或对策的优先次序选择。图 5-23 为应用两维度于优先次序决策的图例。

（3）甘特图。

甘特图是以图示通过活动列表和时间刻度表示出特定项目的顺序与执行时间的一个线条图，横轴表示时间，纵轴表示项目，线条表示期间计划和实际完成情况。直观表明计划何时进行，进展与要求的对比，便于管理者评估工作进度、绩效，通常也会结合 5W2H 法规划此图。图 5–24 为一甘特图示例。

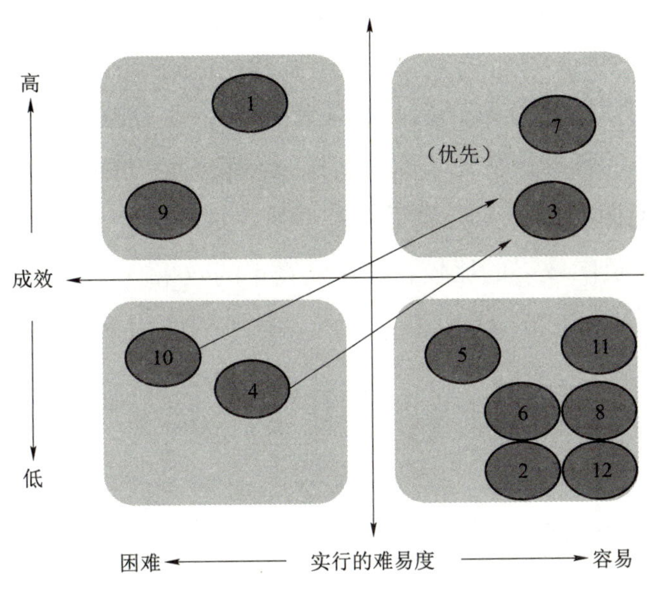

图 5–23　方案优先次序决策图

工作项目	1 月	2 月	3 月	4 月	5 月	6 月	7 月	8 月	9 月	10 月	11 月	12 月
完成企划	—											
完成签约		—										
组设甄选委员会			—									
公告			—									
完成推广人选				—	—	—	—					
完成颁奖规划				—								
完成颁奖各项准备作业					—	—	—	—	—			
完成审查作业								—				
颁奖									—			
结案										—		

图 5–24　甘特图应用示例

4. 效果确认

为了判定目标的达成度并确认有形、无形效果，分成三项实施顺序以实施效果的确认。

首先，实施结果依各项最适策确认实际达成值。利用表或图（常用方法有推移图、帕累托图、管制图、雷达图）表示出改善前后的状况，确认综合效果。

其次，与目标值比较，若目标不能达到，要分析未达目标的原因，确认引起问题的步骤，从此步骤重新检查并修正活动内容。

最后，把握有形、无形效果。有形效果尽量数量化，可进行直接效果、次效果、负向效果的比较，把握住真正的效果。

图 5–25、图 5–26 分别为推移图、雷达图的应用示例。

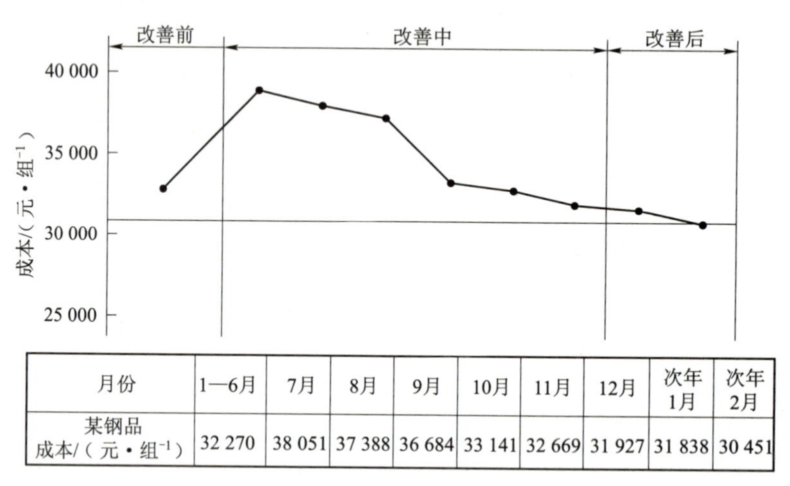

月份	1—6月	7月	8月	9月	10月	11月	12月	次年1月	次年2月
某钢品成本/（元・组$^{-1}$）	32 270	38 051	37 388	36 684	33 141	32 669	31 927	31 838	30 451

图 5–25　推移图应用示例

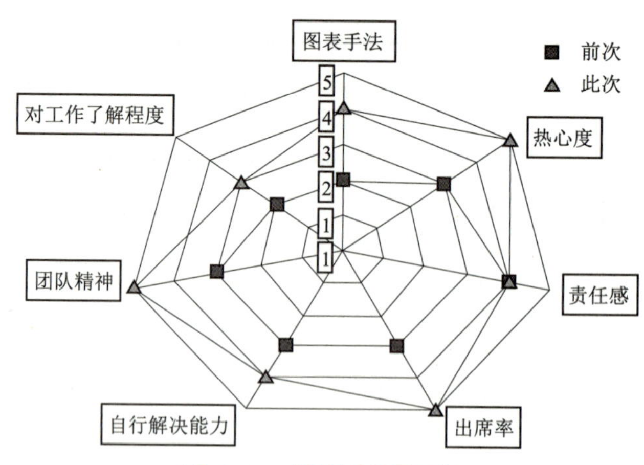

图 5–26　雷达图应用示例

在问题分析与解决的后两阶段，本节已介绍解决问题与效果确认可用的可视化工具、手法与图表，也可用一简要流程图来归纳出问题的解决步骤中对应的可用工具与手法，如图 5–27 所示。要有效地解决问题、制定决策、提升表达沟通能力，是要通过重复的练习、锻炼和灵活运用的。

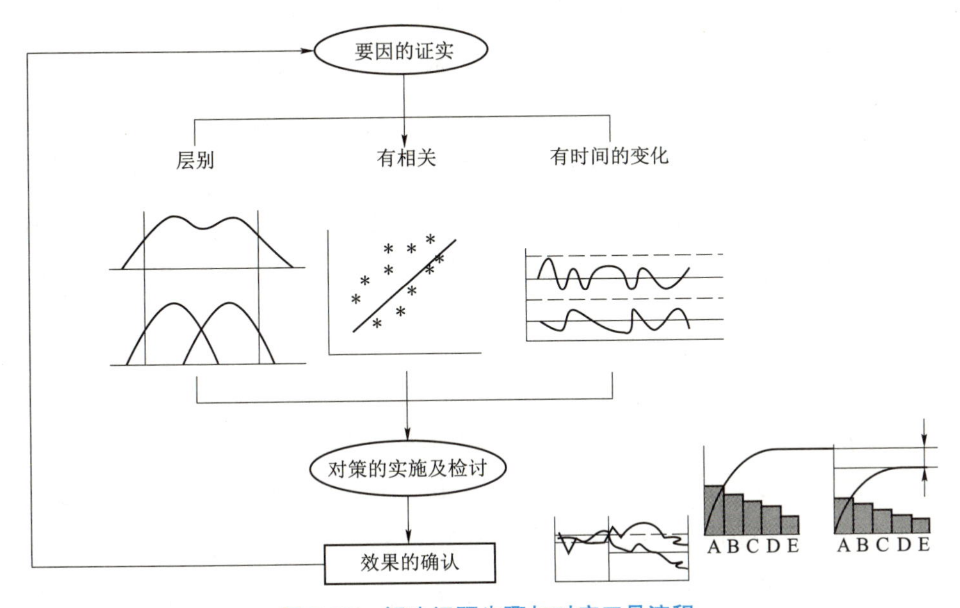

图 5–27　解决问题步骤与对应工具流程

简单是图表设计的主要挑战。在简报会议上，时间有一定的限制，设计不良的图表会造成一些问题，做简报的人必须能够解释可视化图表的架构或原本设计要凸显的信息。如果图示不能为自己说话，就像一则笑话的笑点还需要解释一样，是失败的。这并不是说陈述型图示不应该引起观众讨论，而是所讨论的应该是图表要传达的观点，而非图表本身。

第四节　思考力决定成就

日本管理学家大前研一认为，未来是思考力差距造成收入差距的时代。因为新经济是倍数形态，所以思考力的差距会造经济能力的差距

（也会是倍数的），而且差距极大。

一、思考力概述

面对快速变动的世界，当环境与游戏规则全盘改变，工作者再也不能仅凭过去的经验解决问题，而要依赖逻辑思考的能力。

善于思考的大前研一在《思考的技术》一书中就说："这是一个思考力决定成就的时代。"大前研一过去就曾经因为没有深刻了解到逻辑思考力的重要性而吃过亏。他在麻省理工学院（MIT）参加博士学位考试时，答案全对却意外没通过考试。教授告诉他原因说："你的数字完全正确，但对于思考的过程，却没有明确的交代，这对一个工程师来说是非常危险的。"

他发现，日本考试考的是答案正不正确，美国考试则是测验学生有没有能力从零开始导出方程式。彻底领悟后，他便不厌其烦地进行各种实验，最后成为班上第一个拿到博士学位的人。在 MIT 学会的逻辑思考能力让他一辈子受用，甚至进入了全球知名的麦肯锡咨询公司。

一般人思考时，往往受限于有限的知识、经验和选择性认知，以至于无法跳脱既有的思考框架。比方说，厂商提供的产品经过客户测试后发现有瑕疵，工程师们往往是去找出生产纪录表，检查有没有问题，然而问题往往就出在纪录表疏忽的地方，因此光是检查生产纪录表无济于事。正确解决问题的程序应该是更深入了解平时疏忽了哪些流程的细节，在整个生产流程中一步步寻找问题的线索，而不是在某个点上绞尽脑汁。解决问题靠逻辑思考，而非经验。

大前研一指出，当世界经济急剧变化时，用先前的经济原则来应对是完全不管用的，企业人更需要的是逻辑思考的能力。"世界越是动荡，越需要经理人具有创新思维的能力，不可能再用过去几十年的经验来判断，而这个解决问题的能力依靠的就是逻辑思考。动荡的定义是，环境会随着时间快速变动，变动到甚至连游戏规则都可以更改。游戏规则更改代表过去的经验已不适用，必须一切归零重新来过。"

所有的管理，都是常识加上逻辑能力。一名好主管除了具备广博的知识、丰富的阅历外，还要能运用逻辑思考的能力，在堆积如山的资料中看到新问题，而不是套用过往的经验解决问题。同时，还必须拥有跨越时空思考的能力，摆脱过去成功经验的迷思，回归问题的根本点思考未来。

美国《商业周刊》推荐的《伟大领导者必备的智慧》一书中，作者贾斯汀·曼契斯（Justin Menkes）分析戴尔计算机总裁凯文·罗林斯（Kevin Rollins）、雅芳公司总裁钟彬娴成功最主要的原因，不是由于他们具有领袖魅力、高情商或是丰富的经验，而是他们拥有运用逻辑思考解决问题的能力。他指出，雅芳计划将香水产品的价格提高，但受到女性业务人员的反对，原因是她们担心价格提高，产品将难以销售。于是钟彬娴拜访了雅芳美国的业务人员，与她们进行面对面沟通。她当时提出了一个关键的问题："你们自己有没有用雅芳的产品？"大部分业务员诚实回答说："没有。"结果这个问题反而令业务员恍然大悟，连自己都不想用的低价产品，怎么能得到顾客的青睐？于是雅芳提高了产品的价格。可见，训练思考力，从提出问题开始。

一些企业会提供给新进人员类似的系统思考训练课程，例如著名的KT（Kepner–Tregoe）课程，着重训练解决问题和决策制定的能力，帮助员工有系统地进行逻辑思考。

二、做得好，更要做得对

管理学之父彼得·德鲁克（Peter Drucker）曾区分效率和效果的不同。他认为，效率是把事情做好，效果则是把事情做对，而效果比效率重要。如果方向正确但没有效率，工作顶多事倍功半；然而，有效率却没效果，在错误的事情上冲刺效率，只会陷入更糟糕的情况。

很多业绩高的业务员却无法为企业带来实质的获利。短期营收目标明明达成了，却对公司长远发展帮助不大，甚至因错误的阶段性策略损害了企业的长期竞争力，最关键的原因就是缺乏业务思考力。

业务力讲的是业务能力与技巧，能把事情做好；但业务思考力不仅要让事情做好，更要做对的事，也就是效果与效率兼具。

思考力是从创意到获利的头脑，至少包含三种能力——对的沟通力、对的行动力与对的解决力，也是一种有效达成目标的自我训练心法。

三、思考力的内涵

1. 沟通力

（1）“帽子”思考术，培养同理心。

某公司总经理李总以“换帽子”的方式训练同理心，“帽子”代表当下扮演的角色。除了总经理，李总还会随时戴上同事、顾客、合作伙伴的“帽子”。

“我时常在想自己若是客户，会希望有什么感觉？”也因此公司常有令顾客感动之举。有一年公司在德国汉诺威举办展会，天气特别冷，李总请同事在客户寄往展场的货箱里放了暖暖包，让客户御寒，客户说这真是暖上心头。设身处地模拟对方的情境也成了李总训练员工同理心的最佳方法。

（2）对内沟通同事。

同理心能提升沟通的有效性。顾客不仅在外部，还在组织内，同事就是内部顾客。从同理心出发的“帽子”思考术也可以运用在管理上。把员工当成顾客服务，他们开心，自然就有动力让外部顾客满意。沟通要使用正面叙述手法，鼓励员工成长。

曾辅导多个业务团队从落后跃升至领先的训练讲师蔡建安看过很多业务员表达同理心的方式，多半是问顾客问题，或是向顾客解释理由，虽然语气充满感情，但顾客仍无法感受到业务员的同理心。“他们感受到的是业务员对成交的关心，同理心不是用脑听，而是用心听。”他直指多数人的盲点。很多销售技巧强调方法，但同理心强调的是对方的感受，这时要问自己：“我关心的是顾客还是成交？”“我是愿意聆听顾客的想法还是想找到成交的机会？”

2. 行动力

行动力是指愿意不断学习、思考，养成习惯和动机，进而获得成功结果的行为能力。具有行动力的人，具备超强的自制力，同时能够去突破自己，实现自己想做而不敢去做，或者是自己认为自己能力不足的事，制定计划就下定决心一定要去实现。具有行动力的人，行为的主动性高，具备一定的冒险精神，倾向于在不断尝试、在“做”的过程中学习和提升；对工作的未知因素没有畏难情绪，不怕困难和挫折，相信自己。

行动力的表现如下。

（1）个体有能力成功发起一个行动。从计划到行动，是极为遥远的一步，也是首先把人区分出不同优秀程度的重要分界线。

（2）这种行动是目标导向的。行动力和感动自己的努力之间的区别，就是你的行动是否真的能够让你接近你的目标。

（3）个体的行动能够坚定推进到原定行动结束为止。半途而废也是一种极为常见的行动力不足的表现。

（4）整个行动完成后能够较大程度实现最初设立的行动目标。草草收尾，也不是有行动力的表现。

（5）在行动的过程中，个体有能力引导行动的方向，即时评估、修正。个体为了达到目标，付出的行动越少，说明行动力越高，这就需要在过程中及时评估阶段性结果，并及时修正。但如果在行动的过程中，由于不擅长这些目标导向的行动技术，很容易因为一下子投入之后看不到任何目标性结果的产出而耗竭动机，半途而废。因此人们如果想长期提升自己的行动力，或者说提高自己的努力水平，应当有意识培养自己向着目标推进行动的能力。

3. 解决力

（1）逻辑思考术，问对问题，引出正确答案。

被称为世界首席 CEO 的前通用电气（GE）电器执行长杰克·韦尔奇（Jack Welch）认为，凡事想要成功，必须做到三件事，那就是计划、计划、再计划。在他退休时，成功让通用电气（GE）获利成长 7 倍，市值成长 35 倍、超过 4 000 亿美元。

思考力的精神是先规划，再行动。多花 1 分钟计划，可以少掉 10 分钟的运行时间，减少出错的概率。逻辑思考最好的方法是先动笔，再沟通。不管是自行思考还是开会讨论，通过图表与书写文字找出问题与结论，进行反复论证，其实就是厘清人、事、时、地、物的关系，不断问为什么，检视思考逻辑的合理性。很多问题只要动笔写下来，原本 10 个导致失败的理由或是分歧的意见，往往都会因为不合逻辑而淘汰。

（2）问题解决能力来自逻辑思考。

解决问题的能力来自逻辑思考，而非成功经验。以前成功的经验，不代表现在就会成功，失败的经验不见得今日就不适用。21 世纪的业务要懂得运用逻辑思考术。不是疲于奔命跑业务，而是有脑袋的策略营销，才能比别人更快看到赢的关键点。

可以用麦肯锡的金字塔原理导引团队思考，以最常见的“业务员将业绩不好怪罪于产品不好”为例。业绩不好的结论真的是产品不好吗？还是价格不好、通路不好，或是销售不力？可以一一列出各项附属信息的支撑证据，经过逻辑思考的正反论证，逻辑思考训练的重点在于问对问题。成功的人都会问问题，这样才能抽丝剥茧，找出真正的答案。

（3）乐观是最有效的工作策略。

思考力必须具备乐观、正向的态度。研究正向心理学的美国宾州大学教授马丁·塞利格曼（Martin Seligman）曾为一家保险公司研究，发现乐观营销人员比悲观者第一年能多卖 23% 的保单，第二年增加到 130%。哈佛大学心理学博士丹尼尔·高曼（Daniel Goleman）发现，愈是艰难的工作，愈需要保持乐观的思考，乐观是最有效的工作策略。

本 章 小 结

持续改善是一个永恒的主题，是任何组织与个体进步和成功的途径。追求一蹴而就，未见得能够成功。持续改善首先要转变观念，态度是任何管理方法成功的保证。可以这样说，持续改善是创新和变革的基础。

尽管持续改善的目标着重于完善，但如果不对持续改善确定目标而任其发展，那么它的作用也就有限。在进行持续改善活动的过程中，企业领导应积极制订明确的目标并承担领导责任，来保证达到预定的目标。在持续改善的导入期应进行周密的准备以及控制。企业的最高领导层必须首先规划出一个长期的、可视化的发展战略，然后再像金字塔般将其细化、展开为中期和年度目标。企业的最高领导层还必须根据其长期发展战略制订出相应的实施计划，然后将其通过组织结构自上而下层层细化分解，逐渐形成行动计划。没有制定目标的持续改善就像没有目的地的旅行一样。如果大家都向共同的目标努力，而这个目标又受到企业领导的支持，那么持续改善就是最高效的。

参考文献

[1] 王世民. 思维力：高效的系统思维 [M]. 北京：电子工业出版社，2019.

[2] 大前研一. 思考的技术 [M]. 刘锦秀，谢育容，译. 北京：中信出版社，2015.

[3] 鸿雁. 最强大脑 [M]. 长春：吉林文史出版社，2017.

[4] 汤木. 你的努力，终将成就无可替代的自己 [M]. 南昌：百花洲文艺出版社，2017.

[5] 富田和成. 高效 PDCA 工作术 [M]. 王延庆，译. 长沙：湖南文艺出版社，2018.

[6] 浩之. 跳出思路找出路 [M]. 北京：金城出版社，2009.

[7] 鸿雁. 思维导图 [M]. 长春：吉林文史出版社，2017.

[8] 吴甘霖. 方法总比问题多：钻石版 [M].2 版. 北京：机械工业出版社，2013.

[9] 袁劲松. 思维脑图训练 [M]. 北京：企业管理出版社，2007.

后　记

阅读的完成　行动的开始

感谢您完成了本书的阅读，但解决问题、制订决策、有效沟通等能力的提升，是要通过重复的练习和锻炼的。要做到好、更好、最好，是非常不容易的。保持时时面向客户、持续改进是个重要的课题，编者有下列三项建议。

1. 想让自己的解决问题与决策能力迅速提升，就要培养自己的创造性思维，并勇于坚持实践。

2. 决策有时须从大量混乱信息中抽丝剥茧，迅速做出判断，应学会快速应用思维工具与框架，5Why、5W2H、逻辑树、PDCA 循环、MECE 法则等。

3. 运用头脑风暴法，激发团队的思维创造力，并将每个人的问题解决方法的优缺点互相结合，以创造出最佳的决策。

篇幅有限，很多学习、生活、工作上的案例无法一一列入，期望有机会跟您随时讨论，也请随时给我们建议和意见。

任何时间，用手机扫下面的二维码即可连上我们。提交读者问卷即可获赠一份贴心小礼！

编　者

亲爱的读者：

感谢您阅读本书！本着精益求精、持续改进的精神，期望能提供给广大读者更具价值的内容。盼您能用几分钟的时间，通过下列几个问题，给编者指出修改的重点，以便我们在本书再版时修改完善。收到您的反馈后，我们将赠送一份贴心小礼以表谢意。

1. 整体而言，本书的内容对您的求学、生活、就业的规划有帮助吗？

○ 很有帮助

○ 确有帮助

○ 应有帮助

○ 稍有帮助

○ 没有帮助

2. 您对本书内容的哪三部分最感兴趣、最受启发？请于下简要列出章节或页数。

1）______________________________

2）______________________________

3）______________________________

3. 您对本书内容的哪三部分最感乏味、艰涩、难体会？请于下简要列出章节或页数。

1）______________________________

2）______________________________

3）______________________________

4. 您有阅读过与本书内容类似的书籍吗？

○ 有　　　　○ 没有

5. 您认为本书应增添哪方面的内容？

____

____

____

____

6. 其他针对本书内容的建议：

____

____

7. 如本编辑小组认为有需要进一步跟您请教有关本书内容的修改意见，您是否愿意？

○ 愿意　您的联系方式：____________________________

○ 不愿意

再次感谢您的宝贵时间与意见。